高等职业教育机电类专业精品系列教材
湖北省职业教育在线精品课程"数控机床编程及操作"配套教材

数控编程及实训操作

主　编　任　重
副主编　言　帆　陈　琳　邓　敏　和云敏
　　　　杨　勇　邹哲维　白　琼
主　审　孙海亮　姜力元

电子工业出版社
Publishing House of Electronics Industry
北京·BEIJING

内 容 简 介

本书以《国家职业教育改革实施方案》《职业院校教材管理办法》等文件为总领进行编写，是一本活页式融媒体新形态教材。教材编写团队坚持从数控加工企业的生产实际出发，通过深入剖析多工序数控机床操作调整工的岗位技能要点，重构了基于"岗课赛证"融通的"33821"教材内容结构体系，践行以人为本，学以致用。全书由浅入深、全方位地介绍了数控编程及实训操作的相关实践核心实操技能，内容丰富，资源充足。本书包括3种工作情境，3类典型机床，8个加工任务，2项典型案例，1本活页工单。内容主要以华中数控818a、818b系统数控车床、铣床和加工中心为主，手工编程主要介绍华中数控系统编程指令，自动编程主要介绍CAXA、中望、PowerMILL、Mastercam及UG等主流CAM软件的操作方法与技巧，便于读者根据自身需要选择学习内容，提高了教材的实践中的应用广度。

本教材可作为职业本科院校、高等职业院校、中等职业学校的数控技术、模具设计与制造、机械制造及自动化、计算机辅助设计与制造和机电一体化技术等机械类专业的教学用书，也可供相关技术人员参考、学习、培训之用。

未经许可，不得以任何方式复制或抄袭本书之部分或全部内容。
版权所有，侵权必究。

图书在版编目（CIP）数据

数控编程及实训操作 / 任重主编. -- 北京：电子工业出版社, 2025.2. -- ISBN 978-7-121-49301-0

Ⅰ.TG659

中国国家版本馆CIP数据核字第2024BH0404号

责任编辑：李 静
印　　刷：中煤（北京）印务有限公司
装　　订：中煤（北京）印务有限公司
出版发行：电子工业出版社
　　　　　北京市海淀区万寿路173信箱　邮编 100036
开　　本：787×1092　1/16　印张：13.75　字数：450千字
版　　次：2025年2月第1版
印　　次：2025年2月第1次印刷
定　　价：49.80元

凡所购买电子工业出版社图书有缺损问题，请向购买书店调换。若书店售缺，请与本社发行部联系，联系及邮购电话：(010)88254888，88258888。

质量投诉请发邮件至 zlts@phei.com.cn，盗版侵权举报请发邮件至 dbqq@phei.com.cn。

本书咨询联系方式：(010)88254604，lijing@phei.com.cn。

PREFACE 前言

习近平总书记在党的二十大报告中指出，建设现代化产业体系，坚持把发展经济的着力点放在实体经济上，推进新型工业化，加快建设制造强国、质量强国、航天强国、交通强国、网络强国、数字中国。《中华人民共和国国民经济和社会发展第十四个五年规划和 2035 年远景目标纲要》提出：深入实施智能制造和绿色制造工程，发展服务型制造新模式，推动制造业高端化智能化绿色化。未来，国家必将对数控编程与操作人员的数量和质量提出更高的要求，这对职业教育的专业建设尤其是新形态、活页式教材的建设提出了更高的要求。

本书以《国家职业教育改革实施方案》《职业院校教材管理办法》等文件为总领，紧扣国家相关专业教学标准，对接数控车铣加工职业技能等级标准和职业能力水平评价行业标准，面向智能制造领域数控机床操作等相关工作岗位（群），是培养具备数控机床编程、操作及维护等专业知识，具备零件加工及设备调整等职业能力，具有良好的职业素养、创新意识的高素质技术技能人才的高品质活页式新形态教材。

本书包含 3 种工作情境，3 类典型机床，8 个加工任务，2 项典型案例，1 本活页工单。其中所有尺寸图的单位均为 mm。本书由长江工程职业技术学院任重担任主编，言帆、陈琳、邓敏、和云敏、杨勇、邹哲维、白琼担任副主编，武汉华中数控股份有限公司孙海亮、广州中望龙腾软件股份有限公司姜力元担任主审。在编写过程中，武汉华中数控股份有限公司、广州中望龙腾软件股份有限公司、湖北优鸿科技有限公司、武汉长昱动力科技有限公司、武汉金石兴机器人自动化工程有限公司和武汉摩信智能装备有限公司无偿提供了相关案例和配套资源，在此一并进行感谢！

本书编写分工如下：任务 1.1、情境 2、情境 3、数控加工工单由任重编写，任务 1.2 由白琼编写，任务 1.3 由邹哲维编写。由于篇幅有限，还有部分内容（补充知识点、配套图纸、电子课件及视频等）以二维码方式呈现，由任重、邓敏、杨勇、陈琳、和云敏、言帆共同整理、制作。

本书以华中数控 818a、818b 系统的数控机床为主，手工编程部分主要介绍华中数控系统编程指令，自动编程部分主要介绍 CAXA、中望 3D、PowerMILL、MasterCAM 及 UG 等主流 CAM 软件的操作方法与技巧，便于读者根据自身需要选择学习内容，提高了本书在实践中的应用广度。

本书配套教学资源丰富，包含企业、大赛、职业技能等级证书等案例，并设置了大量二维码，通过扫描相应二维码就可以观看操作视频、下载操作源文件等，方便对照学习。本书的特色如下：

（1）德技并修，重构"岗课赛证"融通的"33821"教材结构体系，践行学以致用。

（2）岗位重现，形成订单产品数控加工、组装与功能验证的工作流程闭环，营造真实场景。

（3）创新培养，遴选 1 项企业案例和 1 项大赛案例，拓展岗位能力。

本书可作为职业本科院校、高等职业院校、中等职业学校的数控技术、模具设计与制造、机械制造及自动化、计算机辅助设计与制造和机电一体化技术等机械类专业的教学用书，也可供相关技术人员参考、学习、培训之用。

本书是湖北省职业教育在线精品课程"数控机床编程及操作"配套教材。线上课程资源网址请扫描下面二维码获取。

由于时间仓促，书中难免有不妥之处，恳请读者批评指正。本书结构是否合理、实用、科学，愿与读者一同研讨，主编邮箱为 79730071@qq.com。

精品在线开放课程

CONTENTS 目录

情境 1　产品订单与数控加工 ·· 1

　　任务 1.1　华中数控系统编程 ·· 5
　　任务 1.2　从动轴 ·· 20
　　任务 1.3　小闷盖 ·· 53

情境 2　产品创新与数控加工 ·· 75

　　任务 2.1　高速绕包机线模轴套的创新设计与数控加工 ··· 77

情境 3　产品创意与数控加工 ·· 135

　　任务 3.1　工业机器人称重流转生产线抓手的创意设计与数控加工 ···························· 139

数控加工工单　齿轮减速箱零部件加工与装配验证 ··· 192

　　项目 1　轴套类零件的数控加工 ··· 192
　　项目 2　轮盘类零件的数控加工 ··· 203

附录 A　二维码索引表 ··· 212

情境 1

产品订单与数控加工

在工程实际中,数控加工厂家的大多数业务来自客户给定的产品订单,需要按图加工出合格的产品。本情境以收到客户订单并安排生产为具体情节,详细介绍数控技术的发展、数控车、数控铣和加工中心编程及操作等内容,同时穿插职业技能等级证书、职业技能鉴定、职业院校技能大赛等相关案例。

【客户订单】

武汉长昱动力科技有限公司(以下简称公司)是一家集产品设计、数控加工于一体的现代化企业。现接到一采矿企业客户订单:采矿场自行研发了一款新型可收缩带式输送机(矿料输送转运系统),用于矿料的输送与收集。结构设计等已经过可行性论证,现进入样机试制阶段,图1.0.1所示为机械运动简图。

【二维码1】

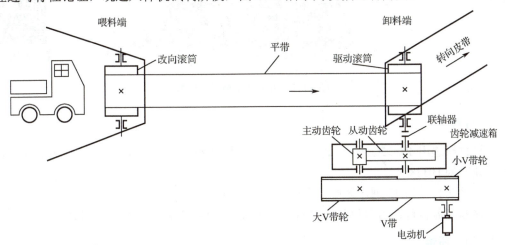

图 1.0.1 矿料输送转运系统—机械运动简图

从图1.0.1可以看出:客户需要将卡车运送过来的矿料通过喂料端、输送带(平带)传送至卸料端后,经转向皮带传送到指定地点。源动力来自电动机,经V带传动、齿轮减速箱两级减速后,保证输送带拉力F为2100N,线速度v_3为1.6m/s,系统总传动比为12.57。

各部件设计参数如下:电动机转速n_1为960r/min,V带传动比为3.42,齿轮减速箱传动比为3.67,输送带传动比为1,驱动滚筒直径D_3为400mm,驱动滚筒转速n_3为76.4r/min,小V带轮直径D_1为100mm,大V带轮直径D_2为342mm。

根据以上参数，得到矿料输送机转运系统的三维效果图，如图1.0.2所示。

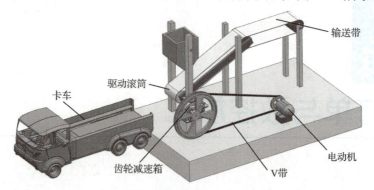

图1.0.2　矿料输送机转运系统—三维效果图

根据客户诉求，其皮带传动、输送带传动部分已完成设计与制作。现需要根据客户提供的齿轮减速箱三维模型（见图1.0.3），用数控加工的方式完成齿轮减速箱各零部件的加工及装配，齿轮减速箱验收合格标准如下。

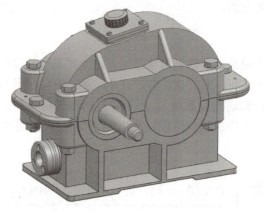

图1.0.3　齿轮减速箱三维模型

【二维码2】

1. 材料

齿轮材料选用ZG35CrMo，调质处理后硬度为HB240；齿轮轴材料选用42CrMo，调质处理后硬度为HB280。

输出轴的材料为45钢，调质处理后硬度为HRC58。

箱体和箱盖材料选用HT150，材料性能不得低于GB/T 9439—2010的要求。

2. 加工质量

箱体和上盖不应有影响齿轮减速箱外观质量和降低零件强度的缺陷。箱体、箱盖合箱后，边缘应平齐。

齿轮与齿轮轴左右旋齿、齿尖的对称度误差小于或等于0.2mm。

主动轴、从动轴配合及定位面粗糙度Ra1.6，齿轮工作面表面粗糙度Ra3.2。

轴承孔表面粗糙度Ra3.2，轴承孔尺寸公差带为H7，圆柱度不低于GB/T 1184—1996中的7级，端面与轴承孔的垂直度不低于GB/T 1184—1996中的8级。

3. 试运转

当空加载试验时，运转应平稳正常，不应有冲击、振动和不正常的响声；各连接件、紧固件应无松动现象；齿轮齿面不得有破坏性点蚀。

当带负荷运转时，齿轮减速箱声音正常无异响，滚动轴承的温度不高于70℃；运转平稳无振动，在轴承处测量间隙不大于0.06mm；检查孔、油位计、轴承盖、油管等无泄漏。

【订单分析】

1. 带式输送机的工作原理

电动机输出转速经V带传动、齿轮减速箱减速后，驱动滚筒旋转，依靠摩擦力实现输送带的移动，从而实现输送带上的矿料的输送和转运。

2. 齿轮减速箱的概念、组成、作用及工作原理

齿轮减速箱一般用作低转速、大扭矩的传动设备，通过齿轮减速箱输入轴上的小齿轮与输出轴上的大齿轮的啮合，达到降低电动机、内燃机或其他高速运转设备输出转速的目的，广泛用于自动化产线等工业现场中，其作用如下。

(1) 减小转速。
(2) 增大扭矩。
(3) 减小运动机构的惯量。
(4) 有效提高精度。
(5) 锁止机构。

【任务分解】

1. 机械图样

机械图样是工程中的语言，只有绘制出准确的图样才能加工出合格的产品。因此，公司首先根据客户提出的齿轮减速箱产品合格标准，绘制齿轮减速箱三维模型，然后组织技术人员完成了齿轮减速箱机械图样的绘制。图1.0.4所示为齿轮减速箱装配图。

2. 加工方法

齿轮减速箱主要包含箱体、箱盖、主动齿轮轴、从动齿轮轴等部件。公司经过认真研判，将轴套类零件安排在数控车床上加工，轮盘类零件安排在数控铣床上加工，箱体和箱盖安排在加工中心上加工。

本书将以齿轮减速箱上各零部件加工、装配为案例，向广大读者详细讲解数控车、铣和加工中心手工、自动编程及实操的方法与技巧。

通过本情境的学习，读者能够了解数控加工厂家接到客户订单、安排各零部件数控加工、整机装配与验证、交付客户的运作过程，掌握数控机床的产生、发展、分类、组成等相关知识，会确定数控机床的坐标系，并对数控程序的组成及格式有初步的了解。

【二维码3】

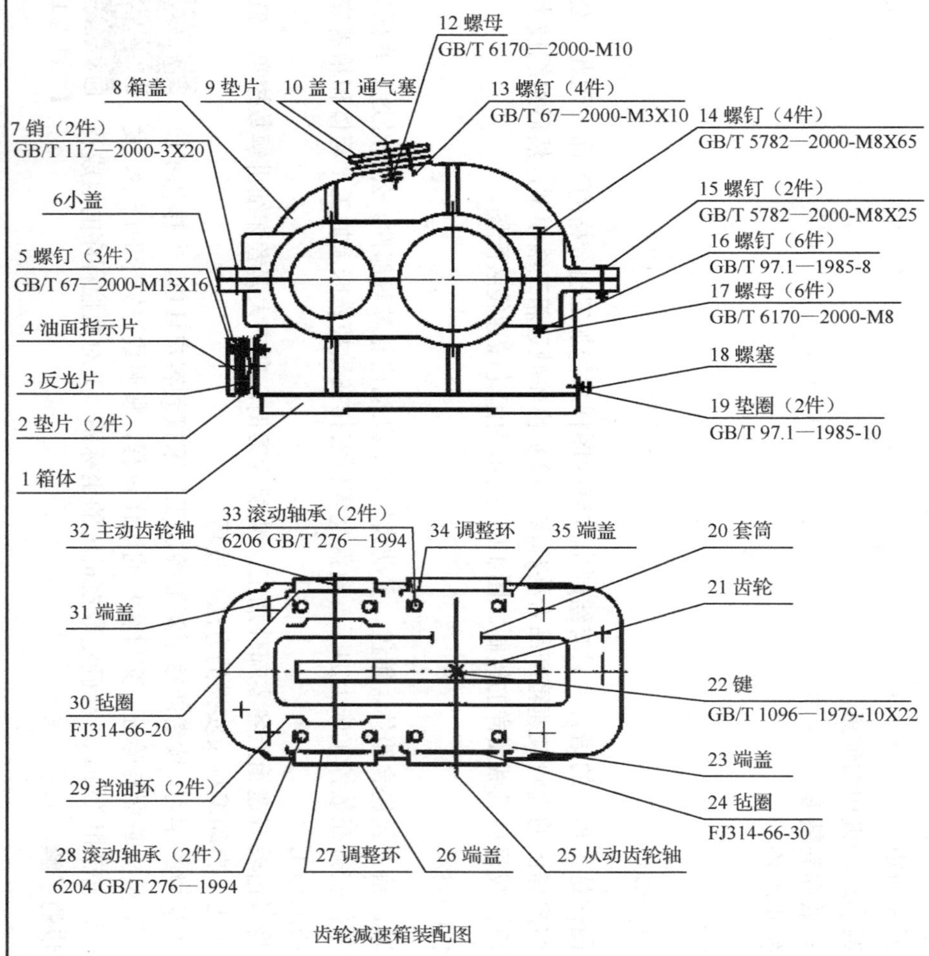

齿轮减速箱工作原理

齿轮减速箱是装在原动机与工作机之间的减速传动装置，工作时动力从主动齿轮轴32输入，由从动齿轮轴25输出，用以降低转速，提高功率。

箱体采用剖分式，分成箱体1和箱盖8，从动齿轮轴25上装有两个深沟球轴承20顶住轴承内圈，从动齿轮的作用，轴肩和套筒20顶住轴承内圈，固定轴的作用，起着支撑和调整轴承33。端盖35、调整环34压住轴承外圈，以防止轴向移动，同时利用调整环调整端盖与轴承外圈之间的间隙。主动齿轮轴32的装配结构与此相似。

齿轮减速箱采用油池浸油润滑，齿轮传动时溅起的油及充满齿轮啮合情况，也可把油注入箱体，使齿轮得到润滑。打开盖10可观察齿轮啮合情况，也可把油注入箱体。为排出齿轮减速箱工作时油温升高而产生的油蒸气，盖上装有通气塞11。

齿轮减速箱采用毡圈密封。主动齿轮轴上还装有挡油环29，以防止啮合区的机油溅入滚动轴承28，稀释了润滑脂。

当换油时，打开箱体下部的螺塞18排放污油。

编号	名称	规格
12	螺母 GB/T 6170—2000-M10	
11	通气塞	
10	盖	
9	垫片	
8	箱盖	
7	销(2件) GB/T 117—2000-3X20	
6	小盖	
5	螺钉(3件) GB/T 67—2000-M13X16	
4	油面指示片	
3	反光片	
2	垫片(2件)	
1	箱体	
13	螺钉(4件) GB/T 67—2000-M3X10	
14	螺钉(4件) GB/T 5782—2000-M8X65	
15	螺钉(2件) GB/T 5782—2000-M8X25	
16	螺钉(6件) GB/T 97.1—1985-8	
17	螺母(6件) GB/T 6170—2000-M8	
18	螺塞	
19	垫圈(2件) GB/T 97.1—1985-10	
20	套筒	
21	齿轮	
22	键 GB/T 1096—1979-10X22	
23	端盖	
24	毡圈 FJ314-66-30	
25	从动齿轮轴	
26	端盖	
27	调整环	
28	滚动轴承(2件) 6204 GB/T 276—1994	
29	挡油环(2件)	
30	毡圈 FJ314-66-20	
31	端盖	
32	主动齿轮轴	
33	滚动轴承(2件) 6206 GB/T 276—1994	
34	调整环	
35	端盖	

齿轮减速箱装配图

图 1.0.4 齿轮减速箱装配图

任务 1.1　华中数控系统编程

素质目标

1. 具备精益求精、追求卓越的工匠精神。
2. 具有科学严谨、一丝不苟的职业操守。
3. 具有勇攀高峰、克服困难的勇气。

知识目标

1. 掌握数控编程的概念、过程和方法。
2. 掌握数控机床坐标系的确定方法。
3. 掌握华中数控系统加工程序的结构和常用编程指令的含义及用途。

能力目标

掌握数控机床坐标系的确定方法；了解数控编程基础知识及华中数控系统常用编程指令的含义及用途。

实施过程

本任务的实施过程包括数控编程的基本概念、数控机床的坐标系、华中数控系统常用编程指令三个部分。

一、任务引入

1. 数控编程的定义

数控编程就是把零件的图形尺寸、加工顺序、刀具运动轨迹的尺寸数据、工艺参数（主运动和进给运动速度、切削深度）及辅助操作（换刀、主轴正反转、冷却液开关、刀具夹紧、刀具松开等）等加工信息，用规定的文字、数字、符号组成代码，按照数控机床的编程格式和能识别的语言记录在程序单上的全过程，为了实现加工，还要将编写出来的程序制作成控制介质（如穿孔纸带等）传输到数控机床上，由数控装置读入后控制机床产生主运动和进给运动，从而加工出合格的产品。

简单地说，从零件图样到制成控制介质的整个过程就叫作数控编程。

编制数控程序是使用数控机床的一项重要技术工作，理想的数控程序不仅应该保证加工出符合零件图样要求的合格零件，还应该使数控机床的功能得到合理的应用与充分的发挥，使数控机床能安全、可靠、高效地工作。

2. 数控编程的过程

数控编程包括以下过程。

1）分析零件图样

分析零件图样的内容包括：零件图样分析，明确加工的内容和要求；选择合适的数控机床。

2）确定工艺过程

确定工艺过程的内容包括：选择或设计刀具和夹具；确定合理的走刀路径及选择合理的切削用量等。这一工作要求编程人员能够对零件图样的技术特性、几何形状、尺寸及工艺要求进行分析，并结合数控机床使用的基础知识，如数控机床的规格、性能、数控系统的功能等，确定加工方法和加工路径。

3）数值计算

在确定工艺方案后，就需要根据零件的几何尺寸、加工路径等，计算刀具中心运动轨迹，以获得刀位数据。数控系统一般均具有直线插补与圆弧插补功能，对加工由圆弧和直线组成的较简单的平面零件，只需要计算出零件轮廓上相邻几何元素交点或切点的坐标值，得出各几何元素的起点、终点、圆弧的圆心坐标值等，就能满足编程要求。当零件的几何形状与数控系统的插补功能不一致时，就需要进行较复杂的数值计算，一般需要使用计算机辅助计算，否则难以完成。

4）编写程序

在完成上述工艺处理及数值计算工作后，即可编写零件加工程序。编程人员使用数控系统的程序指令，按照规定的程序格式，逐段编写加工程序。编程人员应对数控机床的功能、程序指令及代码十分熟悉，才能编写出正确的加工程序。

5）输入程序

将编写好的加工程序输入数控系统，经数控系统读入后就可以控制数控机床加工零件。对于手工编写的简单零件程序，可以通过键盘直接将程序输入数控机床；而对于复杂零件的程序，则可以先将程序拷贝到 U 盘，再把 U 盘的程序复制到数控系统；还有的机床支持 U 盘直接在线加工，或者将电脑与机床通过网线连接，直接读取电脑上的程序进行在线加工。

6）程序调试和检验

一般在正式加工之前，要对程序进行检验。通常可采用数控机床空运转的方式，来检查机床动作和运动轨迹的正确性，以检验程序。在具有图形模拟显示功能的数控机床上，可通过显示走刀轨迹或模拟刀具对工件的切削过程，对程序进行检查。对于形状复杂和要求高的零件，也可采用铝件、塑料或石蜡等易切材料进行试切来检验程序。

通过检查试件，不仅可确认程序是否正确，还可知道加工精度是否符合要求。若能采用与被加工零件材料相同的材料进行试切，则更能反映实际加工效果，当发现加工的零件不符合加工技术要求时，可修改程序或采取尺寸补偿等措施。

也可采用数控仿真软件（本书采用宇龙数控仿真软件）进行模拟加工，但要注意，数控仿真软件的模拟结果并不一定是完全正确的，需要在模拟成功后在机床上重新校验一次。

3．数控编程的方法

数控编程的方法主要有两种：手工编程和自动编程。

1）手工编程

手工编程主要由人工来完成数控编程中分析零件图样、确定工艺过程、数值计算、编写程序、程序调试与检验 5 个阶段的工作。

一般对几何形状不太复杂的较简单的零件，所需的加工程序不长，计算比较简单，用手工编程比较合适。手工编程的特点：耗费时间较长，容易出现错误，无法胜任复杂形状零件的编程。据国外资料统计，当采用手工编程时，一段程序的编写时间与其在机床上运行加工的实际时间之比，平均约为30:1，而数控机床不能开动的原因中有20%～30%是加工程序编制困难，编程时间较长。由于手工编程不需要配置专门的编程设备，不同文化程度的人均可以掌握和运用，因此在国内外，手工编程仍然是一种运用十分普遍的编程方法。

2) 自动编程

自动编程是指在编程过程中，除分析零件图样和确定工艺过程由人工进行外，其余工作均由计算机辅助完成。

当采用计算机自动编程时，数值计算、编写程序、程序调试和检验等工作是由计算机自动完成的，由于计算机可自动绘制出刀具中心运动轨迹，因此编程人员可及时检查程序是否正确，必要时可及时修改，以获得正确的程序。又由于计算机代替编程人员完成了烦琐的数值计算，可提高编程效率几十倍乃至上百倍，因此解决了手工编程无法解决的许多复杂零件的编程难题。综上，自动编程的特点在于编程工作效率高，可解决复杂零件的编程难题。

根据输入方式的不同，可将自动编程分为图形数控自动编程、语言数控自动编程和语音数控自动编程等。图形数控自动编程是指将零件的图形信息直接输入计算机，通过自动编程软件的处理，得到数控加工程序。目前，图形数控自动编程是使用最为广泛的自动编程方式。语言数控自动编程是指将加工零件的几何尺寸、工艺要求、切削参数及辅助信息等用数控语言编写成源程序后，输入计算机，由计算机进一步处理得到数控加工程序。语音数控自动编程是指采用语音识别器，将编程人员发出的加工指令语音转变为数控加工程序。

国内外图形交互自动编程软件的种类很多，流行的集成化CAD/CAM（计算机辅助设计/计算机辅助制造）系统大都具有图形自动编程功能。以下是目前市面上流行的几种CAD/CAM系统软件。

（1）CAXA软件。

北京北航海尔软件有限公司开发了CAXA数控车、CAXA制造工程师，在数控车床、数控铣床自动编程方面有良好的市场声誉和客户体现。

（2）中望3D软件。

中望3D软件是由广州中望龙腾软件股份有限公司开发的设计类工业软件，是以"自主二维CAD、三维CAD/CAM、电磁/结构等多学科仿真"为主的核心技术与产品矩阵。中望3D软件集设计、工程图、加工为一体，为客户提供工业产品流程化生产的解决方案。

（3）PowerMILL软件。

PowerMILL软件是英国Delcam公司出品的功能强大、加工策略丰富的数控加工编程软件系统。PowerMILL软件采用全新的中文Windows用户界面，提供完善的加工策略，帮助用户产生最佳的加工方案，从而提高加工效率，减少手工修整，快速产生粗、精加工路径，并且任何方案的修改和重新计算几乎在瞬间完成，缩短了85%的刀具路径计算时间，可对2～5轴的数控加工（包括刀柄、刀夹）进行完整的干涉检查与排除，具有集成一体化的加工实体仿真功能，方便用户在加工前了解整个加工过程及加工结果，节省加工时间。

（4）UG软件。

UG软件是美国EDS公司的产品，多年来，该软件汇集了美国航空航天及汽车工业丰富的设计经验，发展为一个世界一流的集成化CAD/CAE/CAM系统，在世界上占有较大的市场份额。

（5）MasterCAM 软件。

MasterCAM 软件是美国 CNC Software NC 公司研制开发的一套 PC（个人计算机）级套装软件，可以在一般的计算机上运行。它既可以设计绘制所要加工的零件，也可以产生加工这个零件的数控程序，还可以将 AutoCAD、CADKEY、SolidWorks 等 CAD 软件绘制的图形调入 MasterCAM 软件中进行数控编程。MasterCAM 软件简单实用。

二、相关知识

1. 坐标系的定义

数控机床是靠数字化的信息去控制机床可动部件移动来加工零件的，要想实现控制机床刀具或工作台移动到某一具体位置，就必须将零件放置在一个空间的坐标区域内，让此空间所有的位置都有一个固定的坐标。对于图 1.1.1 所示的用数控车床和铣床加工的零件图中的轨迹点，当工件坐标系建立以后，这些轨迹点就会有固定的坐标。数控机床根据程序发出指令坐标，刀具和工作台依次移动到各个轨迹坐标点位置，整个加工过程得以顺利完成。

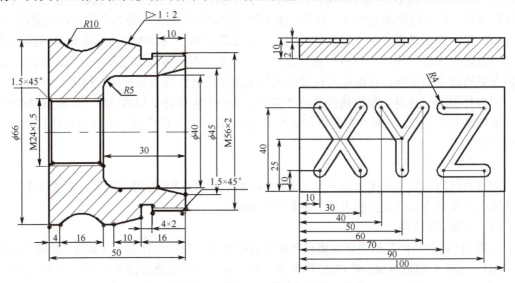

图 1.1.1　用数控车床和铣床加工的零件图

目前，国际上通用的数控机床坐标系是右手笛卡儿坐标系，如图 1.1.2 所示。

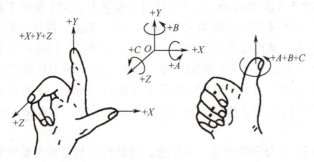

图 1.1.2　右手笛卡儿坐标系

数控机床坐标系的命名如表 1.1.1 所示。

表 1.1.1　数控机床坐标系的命名

名　　称	指　令　字	含　　义	备　　注
直线进给坐标	X、Y、Z	工件不动,刀具沿着数控机床的三个直线进给坐标轴移动	其相互关系用右手定则确定,即伸出右手,大拇指指向 X 轴,食指指向 Y 轴,中指指向 Z 轴。三轴相互之间是垂直的,交点为坐标原点
圆周进给坐标	A、B、C	工件不动,刀具沿着数控机床的三个圆周进给坐标轴移动	其正方向用右手螺旋定则确定,即伸出右手,大拇指指向 X 轴,四指弯曲的方向就是 A 轴的正方向。大拇指指向 Y 轴,四指弯曲的方向就是 B 轴的正方向。大拇指指向 Z 轴,四指弯曲的方向就是 C 轴的正方向
相对直线运动坐标	X′、Y′、Z′	刀具不动,工件沿着数控机床的三个直线进给坐标轴移动	$X'=-X$；$Y'=-Y$；$Z'=-Z$
相对圆周进给坐标	A′、B′、C′	刀具不动,工件沿着数控机床的三个圆周进给坐标轴移动	$A'=-A$；$B'=-B$；$C'=-C$
附加坐标 1	U、V、W P、Q、R ……	当机床在一个方向上存在多个部件可以移动时,在这个方向上要加上附加坐标轴	对应关系：$U—P—X$ $V—Q—Y$ $W—R—Z$

编程规则：编程人员在编写程序时,均采用工件不动、刀具相对运动的原则,不必考虑数控机床的实际运动形式。

坐标轴方向规定：国际标准统一规定,以增大工件与刀具之间距离的方向（增大工件尺寸的方向）为坐标轴的正方向。

2. 坐标系的确定方法

当确定数控机床的坐标系时,应首先确定坐标轴,然后确定其正方向。当确定坐标轴时,应按照先 Z 轴、接着 X 轴、再 Y 轴,最后确定圆周进给坐标轴和附加坐标轴的顺序来进行。

1）Z 轴

提供主要切削动力的轴为主运动轴（主轴）,而主轴通常被设置为 Z 轴。当存在多个主轴时,垂直于工件装夹平面的主轴为主要主轴,平行于该轴方向的为 Z 轴；当无主轴时,垂直于工件装夹平面的方向为 Z 轴；刀具远离工件的方向为 Z 轴正方向。

2）X 轴

若主轴（Z 轴）是带工件旋转的机床（如车床）,则 X 轴分布在径向,平行于横向滑座,刀具远离主轴中心线的方向为正方向。

若主轴（Z 轴）是带刀具旋转的机床,如铣床、钻床、镗床,则 X 轴是水平的,平行于工件装夹平面。对于立式机床（主轴垂直布置）,由主轴向立柱看,X 轴的正方向指向右；对于卧式机床（主轴水平布置）,面对立柱看,X 轴的正方向指向左。图 1.1.3 所示为立式和卧式数控铣床的坐标系。

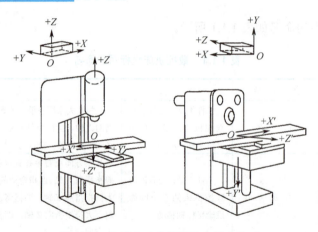

图 1.1.3　立式和卧式数控铣床的坐标系

3）Y轴

根据右手定则判断 Y 轴的正方向。

4）圆周进给坐标轴

根据右手螺旋定则判断 A 轴、B 轴、C 轴三个圆周进给坐标轴的正方向。

5）附加坐标轴

当机床在平行于 X 轴、Y 轴、Z 轴的三个方向上存在运动时，可定义为 U 轴、V 轴、W 轴和 P 轴、Q 轴、R 轴等附加坐标轴。

当机床除 A 轴、B 轴、C 轴三个圆周进给坐标轴外，还有其他回转坐标轴时，可定义为 D 轴、E 轴等。

图 1.1.4～图 1.1.7 所示为各类数控机床的坐标系。

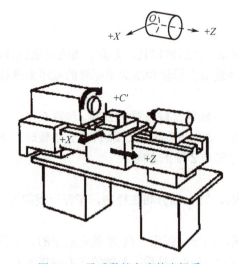

图 1.1.4　卧式数控车床的坐标系

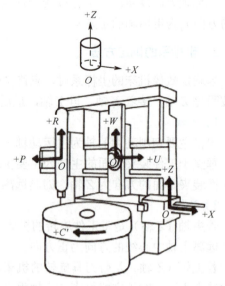

图 1.1.5　立式双柱数控车床的坐标系

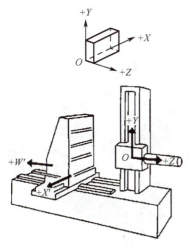
图 1.1.6 卧式数控镗床的坐标系

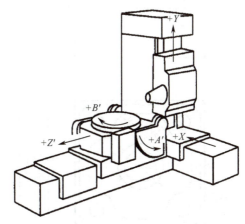
图 1.1.7 卧式加工中心的坐标系

3. 机床坐标系和工件坐标系

机床坐标系是机床固有的坐标系，机床坐标系的原点也称为机床原点或机床零点。在机床经过设计制造和调整后，这个原点便被确定下来，它是固定的点。数控装置通电时并不知道机床原点在什么位置，每个坐标轴的机械行程是由最大和最小限位开关来限定的。

工件坐标系是编程人员在编写程序时，根据图样上尺寸标注特点和机床实际装夹情况自己设定的一个坐标系，其坐标系原点称为工件原点。程序单中点的坐标都是指在工件坐标系下的坐标。图 1.1.8 所示为立式数控铣床的机床坐标系和工件坐标系。

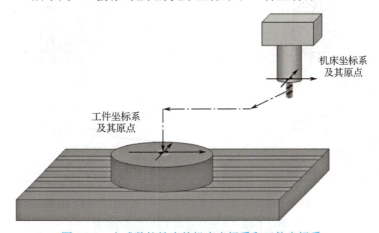
图 1.1.8 立式数控铣床的机床坐标系和工件坐标系

工件原点要尽量满足编程简单、尺寸换算少、引起的加工误差小等条件。在一般情况下，以坐标式尺寸标注的零件，编程原点应选在尺寸标注的基准点处；对称零件或以同心圆为主的零件，编程原点应选在对称中心线或圆心上；Z 轴的程序原点通常选在工件的上表面。用车床加工的工件一般选右端面圆心为工件原点，用铣床加工的工件一般选上表面中心点为工件原点。对于图 1.1.9 所示的用加工中心加工的零件，其工件原点应确定在工件上表面中心点处。

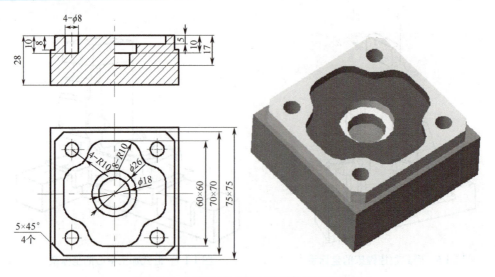

图1.1.9 用加工中心加工的零件的工件原点

注意：因为数控装置发出的坐标指令都是机床坐标系下的坐标指令，而机床原点与工件原点位置不同，如图1.1.10所示，所以必须将工件坐标系与机床坐标系联系起来，即将工件原点与机床原点在 X 轴、Y 轴、Z 轴三个方向的偏置量输入数控系统，这个过程就叫作对刀。对刀完成后，系统在执行坐标指令时就会自动将程序单中的坐标（工件坐标系坐标）加上对刀数据（X 轴、Y 轴、Z 轴三个方向的偏置量）得到机床坐标系值，从而控制机床的运动轨迹。

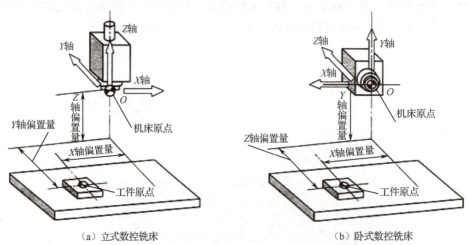

(a) 立式数控铣床　　　　　　　　　(b) 卧式数控铣床

图1.1.10 机床原点和工件原点的位置

4. 机床参考点、刀位点和换刀点

机床参考点是机床上已知的确定的点。为了正确地在机床工作时建立机床坐标系，通常在每个坐标轴的移动范围内设置一个机床参考点作为测量起点，机床启动时通常要进行机动或手动回参考点，以建立机床坐标系。机床参考点可以与机床原点重合也可以不重合，通过参数指定机床参考点到机床原点的距离。机床回到机床参考点位置后，就知道了该坐标轴的零点位置，找到所有坐标轴的参考点之后，CNC（计算机数控系统）就建立起了机床坐标系。

刀位点是反映工件几何形状的点，编程时是以刀位点为基准来确定轨迹坐标的。

换刀点是数控车床、加工中心及其他可实现自动换刀功能的机床在执行换刀指令前,刀具移动到的位置点,也就是说原刀具只有先移动到一个安全的换刀点位置时,才能执行换刀指令。因此换刀点的选择必须考虑当执行换刀指令时,机床不会发生机械冲撞事故。

数控机床的机床原点、工件原点、机床参考点如图 1.1.11 所示。

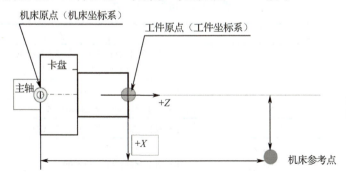

图 1.1.11　数控机床的机床原点、工件原点、机床参考点

三、任务实施

1. 华中数控系统程序的结构

每个程序都由程序名、程序内容和程序结束三个部分组成,如图 1.1.12 所示。

图 1.1.12　华中数控系统程序的结构

由图 1.1.12 可知，程序是由多个程序段构成的，一个程序段由程序段号和若干个指令字组成，一个指令字由若干个地址符和数字组成，各程序段用程序段结束符号";"分隔开。不同的指令字及其后续数值确定了每个指令字的含义，如表 1.1.2 所示。

表 1.1.2 指令字一览表

机 能	地 址	意 义
程序文件名	O	每个程序不仅有程序名，在输入数控系统后还要为此程序单独建立一个文件，文件名以字母"O"开头，后面加 4 位数字或字母
零件程序号	%	程序编号：%1～%4294967295
程序段号	N	程序段编号：N0～N4294967295
准备功能	G	指令动作方式（直线、圆弧等）G00.99
尺寸字	X、Y、Z A、B、C U、V、W	坐标轴的移动指令±99999.999
	R	圆弧的半径，固定循环的参数
	I、J、K	圆心相对于起点的坐标，固定循环的参数
进给速度	F	进给速度的指定：F0～F24000
主轴功能	S	主轴旋转速度的指定：S0～S9999
刀具功能	T	刀具编号的指定：T0～T99
辅助功能	M	机床侧开/关控制的指定：M0～M99
补偿号	D	刀具半径补偿号的指定：00～99
暂停	P、X	暂停时间的指定，单位为秒
程序号的指定	P	子程序号的指定：P1～P4294967295
重复次数	L	子程序的重复次数，固定循环的重复次数
参数	P、Q、R、U、W、I、K、C、A	车削复合循环参数
倒角控制	C、R	

1）程序名

在数控系统中，系统的存储器里可以存储多个程序。为了把这些程序区别开，在程序的开头，用地址"%"（华中数控系统）及后续 4～8 位数字构成程序名，而其他系统有的采用"O"（FANUC 系统）及后续 4～8 位数字构成。

2）程序内容

程序内容是整个程序的核心，它由许多程序段组成，每个程序段由一个或多个指令组成，表示数控机床要完成的全部动作。程序段格式如图 1.1.13 所示。

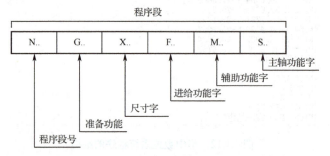

图 1.1.13 程序段格式

3）程序结束

程序结束的指令字是 M30 或 M02。当执行程序时，如果检测出程序结束代码 M30 或 M02，则系统结束执行程序，变成复位状态。

综上所述，控制数控机床完成零件加工的指令系列的集合称为程序。数控程序的编写顺序就是机床动作的工艺过程。数控机床按照指令的要求使刀具沿着直线、圆弧运动，或者使主轴运动、停转，编程就是根据机床的实际运动顺序书写这些指令。

注意：当编写程序时，程序段号和程序段结束符号，即"N****"和";"是可以省略的，相邻两个指令字之间可以加空格也可以不加空格。现代编程采用的都是字地址程序段编程格式，也就是说程序段的长度、字数和字长都是可变的，字的顺序没有严格要求，只有便于阅读等习惯要求。这使得程序的可读性强，易于检验和修改。

2. 华中数控系统常用编程指令

数控机床是靠依次执行程序单中的指令来使机床产生运动，从而加工零件的。也就是说，程序单是描述整个零件加工工艺过程的指令合集。因此，编程指令也称为工艺指令。根据各种编程指令功能的不同，我们把常用的编程指令分为三类：准备性编程指令、辅助性编程指令和切削要素编程指令。

编程指令又称为编程代码，当数控系统不同时，编程指令的功能会有所不同，编程时需要参考机床制造厂的编程说明书。但编程的方法都是万变不离其宗的，所以本部分的学习重点应放在编程方法的理解和运用上。

1）准备性编程指令

准备性编程指令即 G 指令，又称为 G 功能或 G 代码，是用于建立机床坐标系或控制系统工作方式的一种指令，是在数控系统插补运算之前需要预先规定，为插补运算做好准备的编程指令，如坐标平面选择、直线/圆弧等插补方式的指定、孔加工等固定循环功能的指定等。G 指令由地址码 G 和其他两位数字组成，常用的有 G00～G99，如表 1.1.3 所示。

表 1.1.3　G 指令

G 指令	组	功　能	参数（后续地址码）
▶ G00	01	快速定位	X、Z
G01		直线插补	同上
G02		顺圆插补	X、Z、I、K、R
G03		逆圆插补	同上
G04	00	暂停	P
G20	08	英寸输入	
▶ G21		毫米输入	
G28	00	返回刀具参考点	X、Z
G29		由参考点返回	同上
G32	01	螺纹切削	X、Z、R、E、P、F
▶ G36	17	直径编程	
G37		半径编程	
▶ G40	09	刀尖半径补偿取消	D
G41		左刀具补偿	同上
G42		右刀具补偿	

续表

G 代码	组	功 能	参数（后续地址码）
G54 G55 G56 G57 G58 G59	11	坐标系选择	
G71 G72 G73 G76 G80 G81 G82	06	外径/内径车削复合循环 端面车削复合循环 闭环车削复合循环 螺纹切削复合循环 外径/内径车削固定循环 端面车削固定循环 螺纹切削固定循环	U、R、P、Q、X、Z X、Z、I、K、C、P、 R、E
▶G90 G91	13	绝对编程 相对编程	
G92	00	工件坐标系设定	X、Z
▶G94 G95	14	每分钟进给 每转进给	F
▶G96 G97	16	恒线速度切削 恒转速	S

注意： （1）00 组中的 G 指令是非模态的，其他组的 G 指令是模态的。

（2）▶标记者为机床初始开机时的默认状态。

（3）模态指令表示该指令在一个程序段中被使用后就一直有效，直到出现同组中的其他任一指令后才失效；同一组的模态指令不能在同一程序段中出现，否则只有最后的指令有效；非同一组的 G 指令可以在同一程序段中出现。非模态指令只在该指令的程序段中有效。

例如：

N0001　G00　G17　X.　Y.　M03　M08；

N0002　G01　G42　X.　Y.　F.；

N0003　X.　Y.；

N0004　G02　X.　Y.　I.　J.；

N0005　X.　Y.　I.　J.；

N0006　G01　X.　Y.；

N0007　G00　G40　X.　Y.　M05　M09；

2）辅助性编程指令

辅助性编程指令也称 M 指令、M 功能或 M 代码。它是控制机床辅助动作的指令，如主轴的开、停、正/反转，切削液的开、关，运动部件的夹紧与松开等。M 指令由地址码 M 和其他两位数字组成。M 指令包括 M00～M99，共有 100 种，M 指令及功能如表 1.1.4 所示。

表 1.1.4 M 指令及功能

指　　令	是否模态	功能说明	指　　令	是否模态	功能说明
M00	非模态	程序停止	M03	模态	主轴正转启动
M02	非模态	程序结束	M04	模态	主轴反转启动
M30	非模态	程序结束并返回程序起点	▶M05	模态	主轴停止转动
			M07	模态	2号切削液开
M98	非模态	调用子程序	M08	模态	1号切削液开
M99	非模态	子程序结束	▶M09	模态	切削液关

常用 M 指令的功能介绍如下。

M00——程序停止：在完成该程序段的其他指令后，用来停止主轴转动、进给和关闭切削液，以便执行某一固定的手动操作。固定操作完成后，重按"启动"按键，便可以继续执行下一个程序段。

M01——计划（任选）停止：功能同 M00，但只有当机床操作面板上的"任意停止"按键被按下时，M01 才有效。

M02——程序结束：必须出现在程序的最后一个程序段中。

M03、M04、M05 分别表示主轴正转启动、反转启动、停止转动。

M07、M08、M09 分别表示 2 号切削液开、1 号切削液开、切削液关。

M30——程序结束并返回程序起点：不能和 M02 出现在同一程序中。

3）切削要素编程指令

（1）F 指令。

F 指令为进给功能指令，表示加工工件时刀具相对于工件的合成进给速度，其后的数值表示进给速度或进给量。F 指令的单位取决于 G94 指令（刀具或工作台进给速度，mm/min）或 G95 指令（主轴每转一转时刀具的进给量，mm/r）。例如，G94 F600 表示进给速度为 600mm/min；G95 F0.2 表示进给量为 0.2mm/r，通常使用的是 G95 指令的进给量单位。

使用下式可以实现每转进给量与每分钟进给量的转化。

$$f_m = f_r \times n \tag{1.1.1}$$

式中，f_m——每分钟进给量（mm/min）；

f_r——每转进给量（mm/r）；

n——主轴转数（r/min）。

注意：借助机床控制面板上的倍率按键，F 指令可在一定范围内进行倍率修调。

（2）S 指令。

S 指令为主轴功能指令，表示主轴转速或工件切削点处的线速度，其后的数值表示主轴转速或切削恒线速度。S 指令的单位取决于 G96 指令（主轴恒线速度，mm/min）或 G97 指令（主轴转速，r/min）。例如，G96 S500 表示主轴恒线速度为 500mm/min；G97 S600 表示主轴转速为 600r/min，通常使用的是 G97 指令的主轴转速单位。

使用下式可以实现主轴恒线速度与主轴转速的转化。

$$V = \pi D n \tag{1.1.2}$$

式中，V——主轴恒线速度（mm/min）；

D——工件直径（mm）；

n——主轴转速（r/min）。

注意：由上式可知，若 V 不变，当工件直径变小时，主轴转速将变大。因此，当切削端面时，直径趋近于 0，此时主轴转速将趋近于无限大，容易引起飞车现象。S 指令所编程的主轴转速可以借助机床控制面板上的主轴倍率开关进行修调。

（3）T 指令。

T 指令（刀具功能指令）用于选刀，其后的 4 位数字分别表示选择的刀具号和刀具补偿号，如 T0101 表示选取 1 号刀具，调用 1 号刀具补偿值。对于华中数控车床，选择刀具时采用 T 后跟 4 位数字来表示选取几号刀具和调用几号刀具补偿值；对于华中数控铣床和加工中心，选择刀具时采用 T 后跟 2 位数字来表示选取几号刀具和调用几号刀具补偿值，如 T02 表示选取 2 号刀具，调用 2 号刀具补偿值。T 指令与刀具的关系是由机床制造厂规定的，请参考机床制造厂提供的编程说明书。当执行 T 指令时，机床转动转塔刀架，选取指定的刀具。

注意：当一个程序段同时包含 T 指令与刀具移动指令时，先执行 T 指令，后执行刀具移动指令。T 指令同时调入刀具补偿寄存器中的补偿值。

F 指令、S 指令、T 指令都是模态指令，一般在程序开头就要将 F 指令、S 指令和 T 指令进行定义。

任务小结

通过本任务的学习，了解数控机床编程的概念及方法、坐标系的概念及确定方法和华中数控系统加工程序的结构与常用编程指令的含义。

1．从零件图样到制成控制介质的整个过程叫作数控编程，其方法有手工编程和自动编程两种。

2．国际上通用的数控机床坐标系是右手笛卡儿坐标系，可根据右手定则和右手螺旋定则按一定的顺序确定各坐标轴及其正方向。

3．程序都是由程序名、程序内容和程序结束三个部分组成的。常用的编程指令分为准备性编程指令、辅助性编程指令和切削要素编程指令。

思考与练习

一、选择题

1．一般取产生切削力的主轴轴线为（　　）。

A．X 轴　　　　　B．Y 轴　　　　　C．Z 轴　　　　　D．A 轴

2．数控机床的旋转轴之一 B 轴是绕（　　）旋转的轴。

A．X 轴　　　　　B．Y 轴　　　　　C．Z 轴　　　　　D．W 轴

3．数控机床坐标轴确定的顺序为（　　）。

A．X 轴→Y 轴→Z 轴　　　　　　B．X 轴→Z 轴→Y 轴

C．Z 轴→X 轴→Y 轴　　　　　　D．随意顺序

4．根据 ISO（国际标准化组织）标准，数控机床在编程时采用（　　）规则。

A．刀具相对静止，工件运动　　　　　B．工件相对静止，刀具运动

C．按实际运动情况确定 　　　　　　　D．按坐标系确定

5．当确定机床 X、Y、Z 坐标轴时，规定平行于机床主轴的刀具运动坐标轴为（　　），取刀具远离工件的方向为（　　）方向。

A．X 轴　正　　　B．Y 轴　正　　　C．Z 轴　正　　　D．Z 轴　负

6．在以下指令中，（　　）是辅助性编程指令。

A．M03　　　　　B．G90　　　　　C．X25　　　　　D．S700

7．主轴逆时针方向旋转的代码是（　　）。

A．M03　　　　　B．M04　　　　　C．M05　　　　　D．M06

8．程序结束并复位的指令是（　　）。

A．M02　　　　　B．M30　　　　　C．M17　　　　　D．M00

9．M00 指令的作用是（　　）。

A．条件停止　　　B．无条件停止　　　C．程序结束　　　D．单程序段

10．在下列指令中，属于非模态的 G 指令的是（　　）。

A．G03　　　　　B．G04　　　　　C．G17　　　　　D．G40

11．M01 指令的作用是（　　）。

A．有条件停止　　B．无条件停止　　C．程序结束　　　D．程序段

12．程序中的"字"由（　　）组成。

A．地址码和程序段　　　　　　　　B．程序号和程序段
C．地址码和数字　　　　　　　　　D．字母"N"和数字

13．只在本程序段有效，下一程序段需要时必须重写的指令称为（　　）。

A．模态指令　　　B．续效指令　　　C．非模态指令　　D．准备功能指令

14．用于主轴转速控制的指令是（　　）。

A．T　　　　　　B．G　　　　　　C．S　　　　　　D．H

15．下列指令属于准备功能字的是（　　）。

A．G01　　　　　B．M08　　　　　C．T01　　　　　D．S500

二、判断题

（　）1．地址码 N 与 L 的作用是一样的，都表示程序段。
（　）2．在编制加工程序时，程序段号可以不写。
（　）3．主轴的正反转控制是辅助功能。
（　）4．数控机床的进给速度指令为 G 指令。
（　）5．数控机床采用的是笛卡儿坐标系，各轴的方向是用右手来判定的。

三、问答题

1．什么叫数控编程？简述其过程和方法。
2．如何确定数控机床坐标系？
3．程序由几个部分组成？模态和非模态指令有何区别？
4．什么叫机床坐标系和工件坐标系？两者的区别是什么？

任务 1.2　从动轴

素质目标

1. 培养学生养成按章操作的良好职业习惯。
2. 培养学生诚实守信的良好品质。
3. 培养学生认识问题、分析问题和解决问题的能力。
4. 培养学生爱岗敬业、吃苦耐劳的工匠精神。

党的二十大报告中提出：教育、科技、人才是全面建设社会主义现代化国家的基础性、战略性支撑。必须坚持科技是第一生产力、人才是第一资源、创新是第一动力，深入实施科教兴国战略、人才强国战略、创新驱动发展战略，开辟发展新领域新赛道，不断塑造发展新动能新优势。

例如，数控机床加工零件每次都需要进行对刀操作，但每个人在对刀时试切零件的长度和直径都不一样，即使是同一个人，在多次对刀时每次试切的尺寸也不一样，所以在练习时，各项尺寸必须实事求是地按测量值输入，不能凭空捏造。诚信是一个人的根本，要养成诚信的品质，参加工作后，也要为人诚信，工作务实，小处做起，做细做强。

知识目标

1. 掌握数控车床编程指令（G90、G91、G92、G94、G95、G96、G97、G00、G01、G02、G03、G04）。
2. 掌握数控车床编程指令（G71、G72、G73、G82）。
3. 掌握简单轴套类零件的数控车床加工程序的编制。

能力目标

1. 具备编制外圆柱、锥面、圆弧面、台阶等数控加工程序的能力。
2. 具备编制简单轴套类零件数控车床加工程序的能力。
3. 具备使用数控仿真软件对程序进行检验并模拟加工零件的能力。

实施过程

本任务的实施过程包括数控车床编程相关指令介绍、从动轴的数控编程、从动轴仿真加工与检测三个部分。

一、任务引入

对图 1.2.1 所示的从动轴，给定毛坯 ϕ40mm×150mm 的棒料，材料为铝，要求分析零件的加工工艺、填写工艺文件、编写零件的加工程序，并进行仿真加工。

数控车削适合于加工精度和表面粗糙度要求较高、轮廓形状复杂或难于控制尺寸、带特殊螺纹的回转体零件。本任务选取一个较为简单的轴套类零件，由于数控车床加工受零件加工程序的控制，因此在数控车床或车削加工中心上加工零件时，首先要根据零件图制定合理的工艺方案，然后才能进行编程、实际加工及零件测量检验。

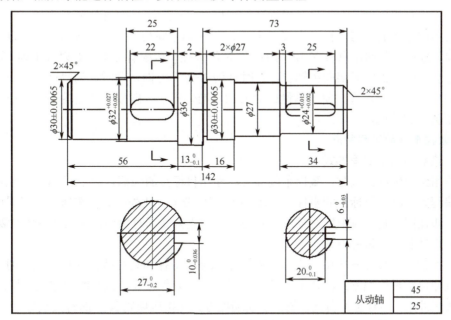

图 1.2.1　从动轴

二、相关知识

1. 数控车床编程基础

1）数控车床的机床坐标系及工件坐标系

（1）数控车床的机床坐标系。

数控车床的机床坐标系如图 1.2.2 所示。与车床主轴平行的方向（卡盘中心到尾座顶尖的方向）为 Z 轴方向，与车床导轨垂直的方向为 X 轴方向。机床原点位于卡盘后端面与中心轴线的交点处。

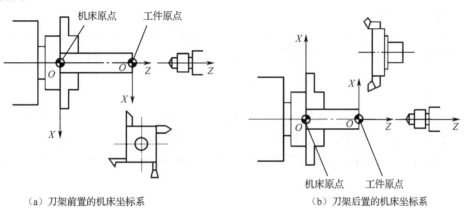

（a）刀架前置的机床坐标系　　　　　（b）刀架后置的机床坐标系

图 1.2.2　数控车床的机床坐标系

(2) 数控车床的工件坐标系。

在编制零件的加工程序时，必须把零件放在一个坐标系中，只有这样才能描述零件的轨迹，编出合格的程序。

工件坐标系的坐标方向与机床坐标系的坐标方向一致，即纵向为 Z 轴方向，正方向是远离卡盘而指向尾座的方向；径向为 X 轴方向，与 Z 轴方向相垂直，正方向是刀具远离主轴轴线的方向。数控车床通常只有 X、Z 两轴，高性能数控车床配有 C 轴。C 轴（主轴）运动方向的判断方法为：从机床尾架向主轴看，逆时针为"+C"方向，顺时针为"-C"方向。

工件坐标系的原点选在便于测量或对刀的基准位置，一般取工件右端面与中心轴线的交点处，如图 1.2.3 所示。

2）数控车床的编程特点

（1）绝对和增量编程方式。

当采用绝对编程方式时，数控车削加工程序中目标点的坐标以地址码 X、Z 表示；当采用增量编程方式时，目标点的坐标以地址码 U、W 表示。此外，数控车床还可以采用混合编程方式，即在同一程序段中绝对编程方式与增量编程方式同时出现，如 G00 X60 W20。

（2）直径和半径编程方式。

在车削加工的数控程序中，大部分数控车床提供半径和直径两种编程方式，通过对应参数的设置即可实现编程方式的切换，默认方式为直径编程方式。直径编程方式是指地址码 X 后的有关尺寸字（坐标值）为直径值，半径编程方式是指地址码 X 后的有关尺寸字（坐标值）为半径值。一般采用直径编程方式，即地址码 X 后的尺寸字（坐标值）与零件图样中的直径尺寸一致，这样可避免尺寸换算过程中可能造成的错误，给编程带来很大方便。如图 1.2.4 所示，地址码 X 后的尺寸字（坐标值）取为零件图样上的直径值 X40、X30。

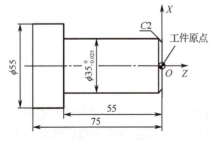

图 1.2.3 数控车床的工件坐标系

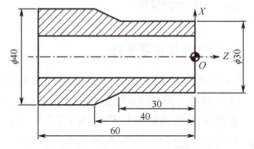

图 1.2.4 直径和半径编程方式

（3）刀具补偿功能。

数控车床的数控系统中都有刀具补偿功能，在加工过程中，对于刀具位置的变化、刀具几何形状的变化及刀尖圆弧半径的变化，都无须更改加工程序，只要将变化的尺寸或刀尖圆弧半径输入存储器，刀具便能自动进行补偿。

（4）循环功能。

数控车床上工件的毛坯大多为圆棒料，加工余量较大，一个表面往往需要进行多次反复的加工。如果对每个加工循环都编写若干个程序段，则会增加编程的工作量。为了简化加工程序，在一般情况下，数控车床的数控系统中都有车外圆、车端面和车螺纹等不同形式的循环功能。

2. 数控车床的功能指令

1）G 指令

G 指令是使数控系统建立起某种加工方式的指令。G 指令由地址码 G 和后面的两位数字组成。G 指令主要用于规定刀具和工件的相对运动轨迹（插补功能）、机床坐标系、坐标平面、刀具补偿等多种加工操作。不同的数控系统，G 指令的功能不同，编程时需要参考机床制造厂的编程说明书。本部分主要介绍华中 HNC-8 型数控车床系统的 G 指令，如表 1.2.1 所示。

表 1.2.1 华中 HNC-8 型数控车床系统的 G 指令

G 指令	组 号	功 能
G00	01	快速定位
【G01】		线性插补
G02		顺时针圆弧插补/顺时针圆柱螺旋插补
G03		逆时针圆弧插补/逆时针圆柱螺旋插补
G04	00	暂停
G07		虚轴指定
G08	00	关闭前瞻功能
G09		准停校验
G10	07	可编程数据输入
【G11】		可编程数据输入取消
G17	02	XY 平面选择
G18		ZX 平面选择
【G19】		YZ 平面选择
G20	08	英制输入
【G21】		公制输入
G28	00	返回参考点
G29		从参考点返回
G30		返回第 2、3、4、5 参考点
G32	01	螺纹切削
【G36】	17	直径编程
G37		半径编程
【G40】	09	刀具半径补偿取消
G41		左刀具半径补偿
G42		右刀具半径补偿
G52	00	局部坐标系设定
G53		直接机床坐标系编程
G54.x	11	扩展工件坐标系选择
【G54】		工件坐标系 1 选择
G55		工件坐标系 2 选择
G56		工件坐标系 3 选择
G57		工件坐标系 4 选择
G58		工件坐标系 5 选择
G59		工件坐标系 6 选择
G60	00	单方向定位

续表

G 指令	组 号	功 能
【G61】	12	精确停止方式
G64		切削方式
G65	00	宏非模态调用
G71	06	内（外）径粗车复合循环
G72		端面粗车复合循环
G73		闭合车削复合循环
G76		螺纹切削复合循环
G80		内（外）径切削循环
G81		端面切削循环
G82		螺纹切削循环
G74		端面深孔钻加工循环
G75		外径切槽循环
G83		轴向钻循环
G87		径向钻循环
G84		轴向刚性攻丝循环
G88		径向刚性攻丝循环
【G90】	13	绝对编程方式
G91		增量编程方式
G92	00	工件坐标系设定
G93	14	反比时间进给
【G94】		每分钟进给
G95		每转进给
【G97】	19	圆周恒线速度控制关
G96		圆周恒线速度控制开
G101	00	轴释放
G102		轴获取
G103		指令通道加载程序
G103.1		指令通道加载程序运行
G104		通道同步
G108 【STOC】		主轴切换为 C 轴
G109 【CTOS】		C 轴切换为主轴
G110		报警
G115		回转轴角度分辨率重定义

说明：

① 表中 00 组的为非模态 G 指令，其他均为模态 G 指令。

② 不同组的 G 指令在同一程序段中可以有多个，但如果在同一程序段中有两个或两个以上属于同一组的 G 指令，则只有最后面的 G 指令有效。

③ 带【】标记的为默认值。

2）M 指令

M 指令是用地址码 M 及两位数字表示的。它主要用来表示数控机床操作时各种辅助动作及状态。其特点是靠继电器的得电、失电来实现控制过程。常用的 M 指令如表 1.2.2 所示。

表 1.2.2 常用的 M 指令

M 指令	含 义	用 途
M00	程序停止	实际上是一个暂停指令，当执行有 M00 的程序段后，主轴转动、进给都将停止，切削液关闭。它与单程序段停止相同，模态信息全部被保存，以便进行某一手动操作，如换刀、测量工件的尺寸等，重新启动机床后，继续执行后面的程序
M01	选择停止	与 M00 的功能基本相似，只有在按下"选择停止"按键后，M01 才有效，否则数控机床继续执行后面的程序段；按下"启动"按键，继续执行后面的程序
M02	程序结束	该指令编在程序的最后一条，表示执行完程序内所有指令后，主轴转动停止、进给停止、切削液关闭，数控机床处于复位状态
M03	主轴正转	用于主轴顺时针方向转动
M04	主轴反转	用于主轴逆时针方向转动
M05	主轴停止转动	用于主轴停止转动
M07	2 号切削液开	用于 2 号切削液开
M08	1 号切削液开	用于 1 号切削液开
M09	切削液关	用于切削液关
M30	程序结束	当使用 M30 时，除表示执行 M02 的内容外，还会返回程序的第一条语句，准备下一个工件的加工
M98	子程序调用	用于调用子程序
M99	子程序返回	用于子程序结束及返回

其中，M00、M01、M02、M30、M98、M99 为非模态指令，用于控制零件程序的走向，是 CNC 内定的辅助功能。其余的 M 指令为模态指令，用于机床各种辅助功能开关动作，由 PLC（可编程控制器）程序指定。

（1）M00。

当 CNC 执行到 M00 时，将暂停执行当前程序，以方便操作者进行刀具和工件的尺寸测量、工件掉头、手动变速等操作。

当暂停时，机床的主轴转动、进给停止，切削液关闭，而现存的全部模态信息保持不变，要想继续执行后续程序，必须按下操作面板上的"循环启动"按键。

（2）M02。

M02 一般放在主程序的最后一个程序段中。

当 CNC 执行到 M02 时，机床的主轴转动、进给全部停止，切削液关闭，加工结束。

使用 M02 的程序结束后，若要重新执行该程序，就得重新调用该程序，或者先在自动加工子菜单上按子菜单 F4 键，再按操作面板上的"循环启动"按键。

（3）M30。

M30 和 M02 功能基本相同，只是 M30 还兼有控制返回零件程序头（%）的作用。使用 M30 的程序结束后，若要重新执行该程序，只需再次按操作面板上的"循环启动"按键。

3）S 指令

S 指令表示机床主轴转速的大小，用地址码 S 和其后的数字组成。数字表示主轴转速，单位为 r/min。S 指令是模态指令，S 指令只在主轴转速可调节时有效。S 指令所编程的主轴转速可以借助机床控制面板上的主轴倍率开关进行修调。

（1）G97。

编程格式：G97 S_。

G97 是取消恒线速度控制的指令。采用此指令，可设定主轴转速并取消恒线速度控制，S 后面的数字表示恒线速度控制取消后的主轴每分钟的转数。该指令用于车削螺纹或工件直径变化较小的场合。例如，G97 S600 表示主轴转速为 600r/min，系统开机状态为 G97 状态。

（2）G96。

编程格式：G96 S_。

S 后面的数字表示恒线速度，单位为 m/min，G96 是恒线速度控制的指令。该指令用于车削端面或工件直径变化较大的场合，采用此指令，可保证当工件直径变化时，主轴的线速度不变，从而保证切削速度不变，提高加工质量。控制系统执行 G96 后，S 后面的数字表示以刀尖所在的 X 坐标值为直径计算的切削速度。例如，G96 S120 表示切削点线速度控制在 120m/min。

线速度与转速之间的关系为 $n=1000v/(\pi d)$，其中，n 为转速，单位为 r/min；v 为线速度，单位为 m/min；d 为轴径，单位为 mm。

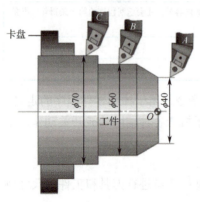

图 1.2.5　恒线速度切削方式

【例 1.2.1】G96 S150 表示切削点线速度控制在 150m/min。对图 1.2.5 所示的零件，为保持 A、B、C 各点的线速度为 150m/min，则各点在加工时的主轴转速分别为

A：$n=1000\times150\div(\pi\times40)=1194$r/min

B：$n=1000\times150\div(\pi\times60)=796$r/min

C：$n=1000\times150\div(\pi\times70)=682$r/min

4）F 指令

F 指令表示工件被加工时刀具相对于工件的合成进给速度，由 F 和其后的数字指定，数字的单位取决于数控系统所采用的进给速度的指定方法。

（1）G95。

编程格式：G95 F_。

F 后面的数字表示主轴每转一转刀具的进给量，单位为 mm/r。例如，G95 F0.5 表示进给量为 0.5mm/r。

（2）G94。

编程格式：G94 F_。

F 后面的数字表示每分钟刀具的进给量，单位为 mm/min。例如，G94 F100 表示进给量为 100mm/min。

注意：

（1）在编写程序的过程中，当第一次遇到直线（G01）或圆弧（G02/G03）插补指令时，必须编写 F 指令，如果没有编写 F 指令，则 CNC 采用 F0 执行。当系统工作在快速定位方式（G00）时，机床将以通过机床主轴参数设定的快速进给率移动，与编写的 F 指令无关。

(2) G94、G95 均为模态指令,实际切削进给的速度可通过操作面板上的进给倍率修调旋钮在 0%~150%之间调节,但切削螺纹时无效。

5) T 指令

编程格式:T _ _ _ _ 。

T 指令用于指定加工所用刀具和刀具参数。T 后面通常用 4 位数字表示,前 2 位是刀具号,后 2 位既是刀具长度补偿号,又是刀尖圆弧半径补偿号。例如,T0303 表示选用 3 号刀具及 3 号刀具长度补偿值和刀尖圆弧半径补偿值。T0300 表示取消刀具补偿。

3. 华中数控车床常用编程指令

1) G90 与 G91

编程格式:G90

　　　　　　G91。

说明:

(1) G90:绝对编程方式,每个编程坐标轴上的编程值是相对于程序原点的。

(2) G91:增量编程方式,每个编程坐标轴上的编程值是相对于前一位置的,该值等于沿轴移动的距离。

(3) 绝对编程时用 G90,后面的 X、Z 表示 X 轴、Z 轴的坐标值;增量编程时用 U、W 或 G91,后面的 X、Z 表示 X 轴、Z 轴的增量值;G90、G91 为模态指令,可相互注销,G90 为默认值。在一个程序段中,可以采用混合编程方式。

【例 1.2.2】如图 1.2.6 所示,使用 G90、G91 编程,要求刀具由原点按顺序移动到 1 点、2 点、3 点。

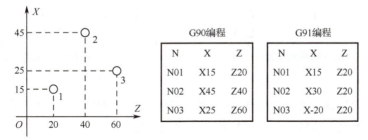

图 1.2.6　G90/G91 编程

选择合适的编程方式可使编程简化。当图纸尺寸由一个固定基准给定时,采用绝对编程方式较为方便;而当图纸尺寸是用轮廓顶点之间的间距给出时,采用增量编程方式较为方便。

G90、G91 可用于同一程序段中,但要注意其顺序不同所造成的差异。

2) G92

在使用绝对坐标指令编程时,必须先建立一个坐标系,用来确定绝对坐标原点(又称编程原点)设在距刀具现在的位置多远的地方,或者说要确定刀具起始点在坐标系中的坐标值。这个坐标系就是工件坐标系,如图 1.2.7 所示。

编程格式:G92 X_Z_。

例如,G92 X150.0Z200.0。

X、Z 后的数字为刀位点在工件坐标系中的初始位置。该指令把这个坐标值寄存在数控系统的存储器内。G92 是一个非运动指令,只是设定工件坐标系原点,设定的坐标系在机床重启时消失。

3）G00

G00 使刀具以点位控制方式，相对于工件以各轴预先设定的速度，从当前位置快速移动到程序段指定的目标点。快移速度由机床参数"快移进给速度"对各轴分别设定，不能用 F 指令规定。G00 一般用于加工前快速定位或加工后快速退刀。快移速度可由操作面板上的快速修调旋钮修正。

编程格式：G00 X（U）_ Z（W）_。

说明：

（1）X、Z：绝对编程方式下的目标点坐标；U、W：增量编程方式下的目标点坐标。

（2）G00 为模态指令，可由 G01、G02、G03 指令注销。

（3）在执行 G00 时，由于各轴以各自速度移动，不能保证各轴同时到达终点，因此联动直线轴的合成轨迹不一定是直线。操作者必须格外小心，以免刀具与工件发生碰撞。常见的做法是，先将 X 轴移动到安全位置，再放心地执行 G00。

例如，在华中数控系统中，机床刀具或工作台总是先沿 45°角的直线移动，再在某一轴单向移动至目标点位置，如图 1.2.8 所示。

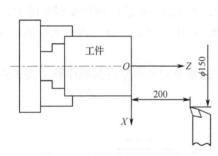

图 1.2.7 工作坐标系的设定

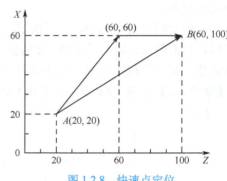

图 1.2.8 快速点定位

4）G01

G01 使刀具以联动的方式，按 F 指令规定的合成进给速度，从当前位置按线性路径（联动直线轴的合成轨迹为直线）移动到程序段指定的目标点。

编程格式：G01 X（U）_ Z（W）_ F _。

说明：

（1）X、Z：绝对编程方式下的目标点坐标；U、W：增量编程方式下的目标点坐标。

（2）F 是合成进给速度。如果在 G01 程序段之前的程序段没有 F 指令，而现在的 G01 程序段中也没有 F 指令，则机床不运动。因此，G01 程序段中必须含有 F 指令。在华中 HNC-8 型数控系统中，G01 还可用于在两相邻轨迹线间自动插入倒角或倒圆控制功能。

（3）在指定直线插补或圆弧插补的程序段尾，若加上 C，则插入倒角控制功能；若加上 R，则插入倒圆控制功能。C 后的数字表示倒角起点和终点距未倒角前两相邻轨迹线交点的距离，R 后的数字表示倒圆半径。

【例 1.2.3】车削外圆柱面，如图 1.2.9 所示。

程序如下。

（1）绝对编程方式。

G01 X60 Z-80 F100;

或

G01 Z-80 F100;

（2）增量编程方式。

G01 U0 W-80 F100;

或

G01 W-80 F100;

（3）混合编程方式。

G01 X60 W-80 F100;

或

G01 U0 Z-80 F100;

【例 1.2.4】车削外圆锥面，如图 1.2.10 所示。

程序如下。

（1）绝对编程方式。

G01 X80 Z-80 F100;

（2）增量编程方式。

G01 U20 W-80 F100;

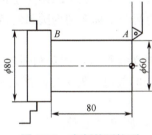

图 1.2.9　车削外圆柱面

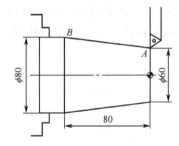

图 1.2.10　车削外圆锥面

【例 1.2.5】车削外圆柱面和外圆锥面，如图 1.2.11 所示。

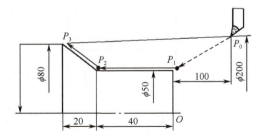

图 1.2.11　车削外圆柱面和外圆锥面

程序如下。

（1）绝对编程方式。

```
N1 T0101 S500 M03；/选择1号刀具和1号刀具补偿值，主轴正转速度为500r/min/
N10 G00 X50.0 Z2.0；/P0→P1/
N20 G01 Z-40.0 F100；/P1→P2/
N30 X80.0 Z-60.0；/P2→P3/
N40 G00 X200.0 Z100.0；/P3→P0/
```

（2）增量编程方式。

```
N1 T0101 S500 M03；/选择1号刀具和1号刀具补偿值，主轴正转速度为500r/min/
N10 G00 U-150.0 W-98.0 ；/P0→P1/
N20 G01 W-42.0 F100；/P1→P2/
N30 U30.0 W-20.0；/P2→P3/
N40 G00 U120.0 W160.0；/P3→P0/
```

5）G02、G03

G02 为顺时针圆弧插补指令，G03 为逆时针圆弧插补指令，刀具进行圆弧插补时必须先规定所在的平面，再确定回转方向。沿圆弧所在平面（如 XY 平面）的另一坐标轴的负方向（-Z）看去，顺时针方向为 G02，逆时针方向为 G03。注意：在数控车床的标准坐标系 XOZ 中，圆弧顺、逆时针的方向与我们的习惯方向正好相反，不要搞错。

编程格式：$\left\{\begin{matrix}G17\\G18\\G19\end{matrix}\right\}\left\{\begin{matrix}G90\\G91\end{matrix}\right\}\left\{\begin{matrix}G02\\G03\end{matrix}\right\}\left\{\begin{matrix}X\_Y\_\\X\_Z\_\\Y\_Z\_\end{matrix}\right\}\left\{\begin{matrix}I\_J\_\\I\_K\_\\J\_K\_\\R\_\end{matrix}\right\}F\_。$

说明：

（1）X、Y、Z 为圆弧的终点坐标值。在 G90 状态下，X、Y、Z 中的两个坐标字为工件坐标系中的圆弧终点坐标；在 G91 状态下，X、Y、Z 中的两个坐标字则为圆弧终点相对于起点的距离。

（2）在 G90 或 G91 状态下，I、J、K 中的两个坐标字均为圆弧圆心相对圆弧起点在 X 轴、Y 轴、Z 轴方向上的增量值，也可以理解为圆弧起点到圆心的矢量（矢量方向指向圆心）在 X 轴、Y 轴、Z 轴上的投影。I、J、K 为零时可以省略。

（3）R 为圆弧半径，R 带"±"号，若圆心角 α≤180°，则 R 为正值；若 180°<α<360°，则 R 为负值，如图 1.2.12 所示，用 G02、G03 对圆弧进行编程。

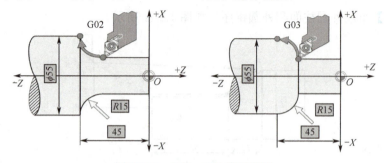

图 1.2.12　G02、G03 编程举例

程序如下。

```
G02 X55 Z-45 R15；/左图/
```

G03 X55 Z-45 R15；/右图/

6）G04

G04 指令可使刀具进行短暂的无进给光整加工，一般用于镗平面、锪孔等场合。

编程格式：G04 $\begin{cases} X\_ \\ P\_ \end{cases}$。

X 或 P 后的数字为暂停时间，其中 X 后面可用带小数点的数，单位为 ms，如 G04 X5000 表示在前一程序执行完后，要经过 5s，后一程序段才执行。P 后面不允许用带小数点的数，单位为 s，如 G04 P1 表示暂停 1s。

例如，图 1.2.13 所示为锪孔加工，孔底有表面粗糙度要求。程序如下。

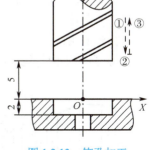

G91 G01 Z-7.0 F60；
G04 X5；/刀具在孔底停留 5s/
G00 Z7.0；

图 1.2.13　锪孔加工

7）复合循环指令

在复合循环中，对零件的轮廓定义之后，即可完成从粗加工到精加工的全过程。复合循环应用于必须重复多次加工才能达到规定尺寸的场合，当零件外径、内径或端面的加工余量较大时，采用车削循环指令可以缩短程序长度，使程序简化。

（1）G71。

【无凹槽内（外）径粗车复合循环】

G71 只需指定精加工路径，系统会自动给出粗加工路径，该指令适用于用圆柱棒料粗车阶梯轴的外圆或内孔的需要切除较多余量的情况。

编程格式：

G71 U（Δd）R（r）P（ns）Q（nf）X（Δx）Z（Δz）F（f）S（s）T（t）。

说明：

上述指令执行图 1.2.14 所示的粗加工路径，加工完成后刀具回到循环起点 C。精加工路径 A→A′→B′→B 按后面的指令循环执行。

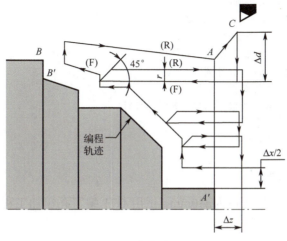

图 1.2.14　外径粗车复合循环

Δd：切削深度（每次切削量），用半径指定，指定时不加符号。
r：每次退刀量，用半径指定，无符号。
ns：精加工路径第一程序段的顺序号。
nf：精加工路径最后程序段的顺序号。
Δx：X轴方向精加工余量，用直径指定，不指定时按"0"处理。
Δz：Z轴方向精加工余量。
f、s、t：粗加工时G71中编程的F、S、T有效，而精加工时处于ns到nf程序段之间的F、S、T有效。

补充说明：

① 当加工内径轮廓时，G71就自动成为内径粗车复合循环指令，此时径向精车余量Δx应指定为负值。

② 零件轮廓符合X轴、Z轴方向同时单调增大或单调减小，ns所在循环第一程序段中不能指定Z轴的运动指令。

【例1.2.6】用外径粗加工复合循环指令编制图1.2.15所示零件的加工程序，要求循环起点为A(42,2)，切削深度为1.5mm（半径量），退刀量为1mm，X轴方向精加工余量为0.4mm，Z轴方向精加工余量为0.1mm。

程序如下。

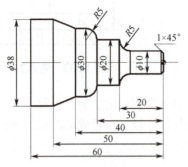

图1.2.15 G71外径粗车复合循环编程实例

```
%2201
N10 T0101；/换1号刀具，执行1号刀具补偿/
N20 G00 X100 Z100；/到程序起点位置/
N30 M03 S500；/主轴以500r/min速度正转/
N40 G01 X42 Z2 F100；/刀具到循环起点位置/
N50 G71 U1.5 R1 P60 Q140 X0.4 Z0.1；/粗切量：1.5mm，精切量：X轴方向为0.4mm，Z轴方向为0.1mm/
N60 G00 X4；/精加工轮廓起始行，到倒角延长线/
N70 G01 X10 Z-1 F80；/精加工 1×45°倒角/
N80 Z-15；/精加工φ10mm 外圆/
N90 G02 X20 W-5 R5；/精加工 R5mm 圆弧/
N100 G01 Z-30；/精加工φ20mm 外圆/
N110 G03 X30 W-5 R5；/精加工 R5mm 圆弧/
N120 G01 Z-40；/精加工φ30mm 外圆/
N130 X38 W-10；/精加工外圆锥/
N140 Z-60；/精加工φ38mm 外圆，精加工轮廓结束行/
N150 X42；/退出已加工面/
N160 G00 X100 Z100；/回对刀点/
N170 M05；/主轴停/
N180 M30；/程序结束并复位/
```

【例1.2.7】毛坯有孔且孔径为φ30mm，试用G71编写孔粗加工程序，如图1.2.16所示。

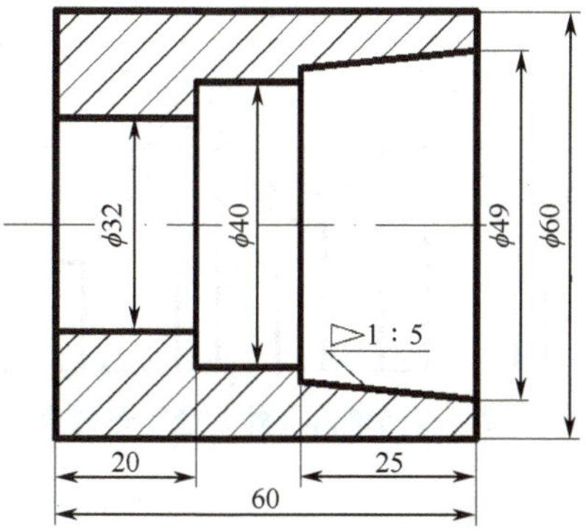

图 1.2.16　G71 内径粗车复合循环编程实例

程序如下。

```
%2104
T0101；/换1号刀具，执行1号刀具补偿/
G00 X100 Z100；/到程序起点位置/
M03 S500；/主轴以500r/min速度正转/
G01 X28 Z2 F100；/刀具到循环起点位置/
G71U1.5R1P10Q20X-0.4Z0.1；/粗切量：1.5mm，精切量：X轴方向为0.4mm，Z轴方向为0.1mm/
N10 G00 X49；/精加工轮廓起始行/
G01 Z0 F80；
X44 Z-25；/精加工圆锥/
X40；
W-15；
X32；
Z-60；/精加工φ32mm圆，精加工轮廓结束行/
N20 X27；/退出已加工面/
G00 X100 Z100；/回对刀点/
M05；/主轴停/
M30；/程序结束并复位/
```

【有凹槽内（外）径粗车复合循环】

编程格式：

G71 U（Δd） R（r） P（ns） Q（nf） E（e） F（f） S（s） T（t）。

说明：

上述指令执行图 1.2.17 所示的粗加工和精加工，其中精加工路径为 $A \rightarrow A' \rightarrow B' \rightarrow B$（虚线为返回路径）。

Δd：切削深度（每次切削量），指定时不加符号，方向由矢量 AA' 决定。

r：每次退刀量。

ns：精加工路径第一程序段的顺序号。

nf：精加工路径最后程序段的顺序号。

e：精加工余量，其为 X 轴方向的等高距离；外径切削时为正，内径切削时为负。

f、s、t：粗加工时 G71 中编程的 F、S、T 有效，而精加工时处于 ns 到 nf 程序段之间的 F、S、T 有效。

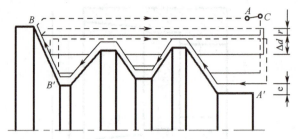

图 1.2.17 有凹槽内（外）径粗车复合循环

注意：

① G71 中必须带有 P、Q 地址 ns、nf，且与精加工路径起止顺序号对应，否则不能进行循环加工。

② ns 的程序段必须为 G00/G01，即从 A 到 A' 的动作必须是直线或点定位运动。

③ 在顺序号为 ns 到顺序号为 nf 的程序段中，不应包含子程序。

④ 在加工循环中可以进行刀具补偿。

（2）G72。

编程格式：

G72 W（Δd）R（r）P（ns）Q（nf）X（Δx）Z（Δz）F（f）S（s）T（t）。

说明：

G72 用于圆柱棒料毛坯端面方向粗车。G72 与 G71 的区别仅在于切削方向是否平行于 X 轴。利用该指令执行图 1.2.18 所示的粗加工和精加工，其中精加工路径为 $A→A'→B'→B$。

Δd：切削深度（每次切削量），指定时不加符号，方向由矢量 AA' 决定。

r：每次退刀量。

ns：精加工路径第一程序段的顺序号。

nf：精加工路径最后程序段的顺序号。

Δx：X 轴方向精加工余量。

Δz：Z 轴方向精加工余量。

f、s、t：粗加工时 G72 中编程的 F、S、T 有效，而精加工时处于 ns 到 nf 程序段之间的 F、S、T 有效。

应用 G72 时的注意事项同 G71，这里不再重复。

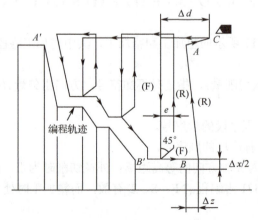

图 1.2.18 端面粗车复合循环

【例 1.2.8】编制图 1.2.19 所示零件的加工程序,要求循环起点为(42,2),切削深度为 2mm,退刀量为 1mm,X 轴方向精加工余量为 0.1mm,Z 轴方向精加工余量为 0.2mm,其中毛坯为 ϕ40mm。

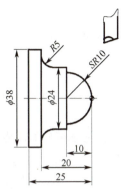

图 1.2.19 G72 端面粗车复合循环编程实例

程序如下。

```
%2105
T0101;/换1号刀具,执行1号刀具补偿/
M03 S400;/主轴以 400r/min 速度正转/
G00 X42 Z2;/刀具到循环起点位置/
G72W2R1P10Q20X0.1Z0.2F100;/端面粗车复合循环加工/
N10 G00 Z-25;/精加工轮廓起始行/
G01 X38 F80;
Z-20;/精加工ϕ38mm 外圆/
X34;
G03 X24 W5 R5;/精加工 R5mm 圆弧/
G01 Z-10;/精加工ϕ24mm 外圆/
X20;
G02 X0 Z0 R10;/精加工 SR10mm 球面/
N20 G01 Z2;/精加工轮廓结束/
G00 X100 Z100;/返回换刀点位置/
M05;/主轴停/
M30;/程序结束并复位/
```

(3) G73。

编程格式:

G73 U(ΔI)W(ΔK)R(r)P(ns)Q(nf)X(Δx)Z(Δz)F(f)S(s)T(t)。

说明:

当使用 G73 切削工件时,刀具轨迹为图 1.2.20 所示的封闭回路,刀具逐渐进给,使封闭切削回路逐渐向工件最终形状靠近,最终切削成工件的形状。这种指令能对铸造、锻造等粗加工中已初步成型的工件进行高效率切削。

ΔI:X 轴方向的粗加工总余量,为半径值。

ΔK:Z 轴方向的粗加工总余量。

r:粗加工次数。

ns：精加工路径第一程序段的顺序号。

nf：精加工路径最后程序段的顺序号。

Δx：X 轴方向精加工余量。

Δz：Z 轴方向精加工余量。

f，s、t：粗加工时 G73 中编程的 F、S、T 有效，而精加工时处于 ns 到 nf 程序段之间的 F、S、T 有效。

注意：

ΔI 和 ΔK 表示粗加工时总的切削量，粗加工次数为 r，则每次 X 轴、Z 轴方向的切削量分别为 ΔI/r、ΔK/r。

按 G73 程序段中的 P 和 Q 指令值实现循环加工，要注意 Δx 和 Δz、ΔI 和 ΔK 的正负号。

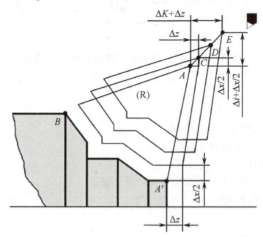

图 1.2.20　外圆成型车削复合循环

8）G82

G82 适用于对直螺纹和锥螺纹进行循环切削，每指定一次，系统将"切入→螺纹切削→退刀→返回"4 个动作作为一次循环，螺纹切削自动进行一次循环。

（1）直螺纹切削循环。

编程格式：G82 X（U）_Z（W）_R_E_C_P_F_。

说明：（各参数含义如图 1.2.21 所示）

X、Z：有效螺纹终点 C 的坐标。

U、W：有效螺纹终点 C 对循环起点 A 的增量坐标。

R、E：螺纹切削的回退量，R 为 Z 轴方向回退量，E 为 X 轴方向回退量。R、E 可以省略，表示不用回退功能。

C：螺纹头数，为 0 或 1 时切削单头螺纹。

P：当切削单头螺纹时，为主轴基准脉冲处距离切削起点的主轴转角（默认值为 0）；当切削多头螺纹时，为相邻螺纹头的切削起点之间对应的主轴转角。

F：螺纹导程。

L：螺纹螺距。

（2）锥螺纹切削循环。

编程格式：G82 X（U）_Z（W）_I_R_E_C_P_F_。

说明：(各参数含义如图1.2.22所示)

I：螺纹起点B与螺纹终点C的半径差。其符号为半径差的符号（无论是绝对编程方式还是增量编程方式）。

其他参数意义同直螺纹切削循环。

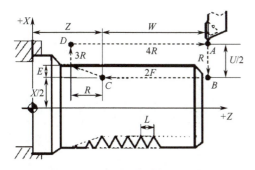 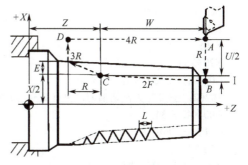

图1.2.21　用G82车直螺纹示意图　　　　图1.2.22　用G82车锥螺纹示意图

螺纹车削加工为成型车削，其切削量较大，一般要求分数次进给。表1.2.3所示为常用螺纹切削的进给次数与吃刀量。

表1.2.3　常用螺纹切削的进给次数与吃刀量（单位：mm）

螺距		1.0	1.5	2.0	2.5	3	3.5	4
牙深（半径量）		0.649	0.974	1.299	1.624	1.949	2.273	2.598
切削次数与吃刀量（直径量）	1次	0.7	0.8	0.9	1.0	1.2	1.5	1.5
	2次	0.4	0.6	0.6	0.7	0.7	0.7	0.8
	3次	0.2	0.4	0.6	0.6	0.6	0.6	0.6
	4次		0.16	0.4	0.4	0.4	0.6	0.6
	5次			0.1	0.4	0.4	0.4	0.4
	6次				0.15	0.4	0.4	0.4
	7次					0.2	0.2	0.4
	8次						0.15	0.3
	9次							0.2

【例1.2.9】对图1.2.23所示的零件，毛坯为45mm×100mm，用G82编程。

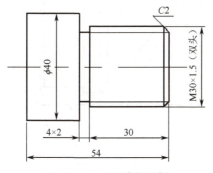

图1.2.23　G82编程示例

程序如下。

%3103

T0101；/换1号外圆车刀，执行1号刀具补偿/
M03 S600；/主轴以600r/min 速度正转/
G00 X47 Z2；/刀具到循环起点位置/
G71 U1.5 R1 P10 Q20 X0.5 Z0.1 F100；/加工外圆/
N10 G00 X22；/倒角延长线/
G01 X30 Z-2 F80；
Z-34；
X40；
N20 Z-54；
G00 X100 Z100；/退回换刀点/
T0202；/换2号外圆切槽刀，执行2号刀具补偿/
G00 X42 Z-34；
G01 X26 F80；
G00 X100；
Z100；/退回换刀点/
T0303；/换3号外圆螺纹刀，执行3号刀具补偿/
M03 S400；
G00 X32 Z3；
G82 X29.2 Z-32 C2 P180 F3；/第一次循环切螺纹，切深0.8mm/
X28.6 Z-32 C2 P180 F3；/第二次循环切螺纹，切深0.4mm/
X28.2 Z-32 C2 P180 F3；/第三次循环切螺纹，切深0.4mm/
X28.04 Z-32 C2 P180 F3；/第四次循环切螺纹，切深0.16mm/
G00 X100 Z100；/返回换刀点位置/
M05；/主轴停/
M30；/程序结束并复位/

【例 1.2.10】对图 1.2.24 所示的零件，编写加工程序，ϕ10mm 的孔已事先钻好，试使用 G71 编写内轮廓加工程序和使用 G82 编写内螺纹加工程序。

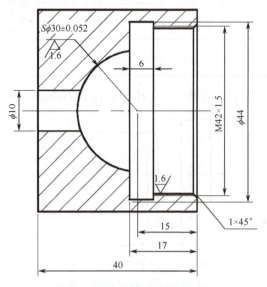

图 1.2.24　G82 编程内螺纹示例

螺纹数值计算：$D_{大} \approx D_{公称} - 0.1 \times 螺距 = 42 - 0.1 \times 1.5 = 41.85$mm

$D_{小} = D_{公称} - 1.3 \times 螺距 = 42 - 1.3 \times 1.5 = 40.05$mm

程序如下。

```
%3104
T0101; /换 1 号镗刀/
M03 S500;
G00 X8.0 Z2.0; /刀具到循环起点位置/
G71 U2.0 R1 P10 Q20 X-0.5 Z0.1 F100; /加工外圆/
N10 G00 X42.05; /角延长线/
G01 Z0 F80;
X40.05 Z-1; /加工倒角/
Z-17.0;
X29.054;
G03 X10.0 Z-28.868 R15.0; /加工 R15mm 圆弧/
N20 G01 X8.0;
G00 Z100.0;
X100.0; /退回换刀点/
T0202; /换 2 号切槽刀/
M03 S500;
G00 X35.0 Z2.0;
G01 Z-14.0 F80;
X44.0; /切槽（第一刀）/
G04 P2000; /暂停/
G00 X38.0; /退刀/
Z-17.0;
X44.0; /切槽（第二刀）/
G04 P2000;
G00 X38.0; /退刀/
G00 Z100.0;
X100.0; /退回换刀点/
T0303; /换 3 号内孔螺纹刀/
M03 S300;
G00 X35.0 Z2.0; /刀具到螺纹起点/
G82 X40.85 Z-14.0 F1.5; /加工螺纹/
X41.45 Z-14.0 F1.5;
X41.85 Z-14.0 F1.5;
G00 Z100.0;
X100.0; /返回换刀点位置/
M05; /主轴停/
M30; /程序结束并复位/
```

9）G41、G42、G40

（1）刀尖圆弧半径的概念。

当编制数控车床加工程序时，理论上是将车刀刀尖看成一个点，按这个点或圆心来编程。但为了延长刀具的使用寿命和降低加工工件的表面粗糙度，通常将刀尖磨成半径不大的圆弧（一般圆弧半径 R 为 0.2～1.6mm，球头车刀可达 4mm），如图 1.2.25 所示，X 向和 Z 向的交点 P 称为假想刀尖，该点是编程时确定加工轨迹的点，数控系统控制该点的运动轨迹。然而在实际切削时，起作用的切削刃是圆弧的切点 A、B，它们是实际切削加工时形成工件表面的点。

很显然，假想刀尖 P 或圆心与实际切削点 A、B 是不同的点，所以如果在数控加工或数控编程时不对刀尖圆弧半径进行补偿，仅使用按照工件轮廓进行编制的程序来加工，则势必会产生加工误差。而刀尖圆弧半径补偿功能就是用来补偿由刀尖圆弧半径引起的工件形状误差的。当编程时，只需按工件的实际轮廓尺寸编程即可，不必考虑刀尖圆弧半径的大小，加工时数控系统能根据刀尖圆弧半径自动计算出补偿值，生成刀具路径，完成对工件的合理加工，避免过切削或欠切削现象。

如图 1.2.26 所示，当切削工件右端面时，车刀圆弧切点 A 与假想刀尖 P 的 Z 坐标值相同，车外圆时车刀圆弧切点 B 与假想刀尖 P 的 X 坐标值相同，切出的工件没有形状误差和尺寸误差，因此可以不考虑刀尖圆弧半径补偿。如果切削外圆后继续车台阶面，则在外圆与台阶面的连接处，存在加工误差 BCD（误差为刀尖圆弧半径），这一加工误差是不能靠刀尖圆弧半径补偿功能来修正的。

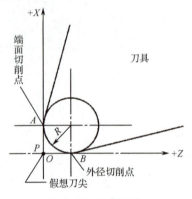

图 1.2.25　假想刀尖

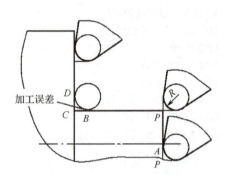

图 1.2.26　过切削及欠切削现象 1

如图 1.2.27 所示，当车圆锥和圆弧部分时，若仍然以假想刀尖 P 来编程，则刀具运动过程中与工件接触的各切点轨迹为图中所示无刀具补偿时的轨迹。该轨迹与工件加工要求的轨迹之间存在着图中斜线部分的误差，直接影响工件的加工精度，且刀尖圆弧半径越大，加工误差越大。可见，对刀尖圆弧半径进行补偿是十分必要的。

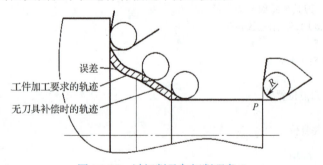

图 1.2.27　过切削及欠切削现象 2

刀尖圆弧半径补偿的原理是当加工轨迹到达圆弧或圆锥部位时，并不马上执行所读入的程序段，而是先读入下一段程序，判断两段轨迹之间的转接情况，然后根据转接情况计算相应的运动轨迹。由于多读了一段程序进行预处理，因此能进行精确的补偿，自动消除因车刀存在刀尖圆弧而带来的加工误差，从而实现精密加工。

(2)刀具半径补偿的应用。

刀具半径补偿功能由程序中指定的 T 指令来实现。T 指令由字母 T 后面跟 4 位（或 2 位）数字组成，其中前 2 位为刀具号，后 2 位为刀具半径补偿号，刀具半径补偿号实际上是刀具半径补偿寄存器的地址号，该寄存器中存放了刀具的 X 轴偏置量和 Z 轴偏置量（各把刀具长度、宽度不同）、刀具半径及假想刀尖方位号。

编程时可假设刀具半径为 0，在数控加工前必须在数控机床上的相应刀具半径补偿表中输入刀具半径，在加工过程中，数控系统根据加工程序和刀具半径自动计算假想刀尖轨迹，进行刀具半径补偿，完成零件的加工。当刀具半径变化时，无须修改加工程序，只需修改相应的刀具半径补偿号即可。

(3)刀具半径补偿指令。

编程格式：G40/G41/G42（G00/G01）X__Z__F__。

功能：刀具半径补偿是通过 G40、G41、G42 及 T 指令指定的刀具半径补偿号来加入或取消半径补偿的。根据右手定则，沿垂直于刀具走刀平面的坐标轴（Y 轴）由正向向负向看，G41 为左刀具半径补偿，且沿着刀具运动方向看，刀具位于工件左侧；G42 为右刀具半径补偿，且沿着刀具运动方向看，刀具位于工件右侧；G40 为取消刀具半径补偿，如图 1.2.28 所示。

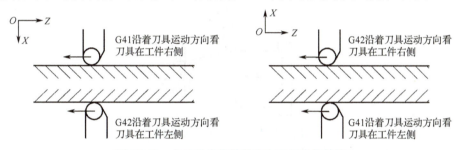

图 1.2.28　左刀具半径补偿和右刀具半径补偿

说明：

X（U）、Z（W）是 G01、G00 运动的目标点坐标；F 是刀具移动速度。

G40、G41、G42 只能用 G00、G01 指令组合完成。不允许与 G02、G03 等其他指令结合编程，否则报警。

在 G41、G42 模式中，不允许有两个连续的非运动指令，否则刀具在前面程序段终点的垂直位置停止，且产生过切削或欠切削现象。非运动指令包括 M、S、G04、G96 等，因为 G41、G42 只能预读两段程序。

在远离工件处建立、取消刀具半径补偿。

G40、G41、G42 都是模态指令，可相互注销。

(4)刀具半径补偿值的设定。

当数控车床加工时，采用不同的刀具，其假想刀尖相对圆弧中心的方位不同，直接影响刀具半径补偿计算结果。图 1.2.29（a）所示为刀架前置的数控车床假想刀尖位置的情况；图 1.2.29（b）所示为刀架后置的数控车床假想刀尖位置的情况。如果用刀尖圆弧中心作为刀位点进行编程，则应选用 0 或 9 作为刀尖方位号，其他号码都是以假想刀尖编程时采用的。只有在刀具数据库内按刀具实际放置情况设置相应的刀尖方位号，才能保证对它进行正确的刀具半径补偿；否则，将会出现不合要求的过切削或欠切削现象。刀具半径补偿值可以通过刀具半径补偿界面设定，在设定时，T 指令要与刀具半径补偿号相对应，并且要输入刀尖方位号。在刀具半径补偿界面中，在 T 指令中的刀具半径补偿号对应的存储单元中，存放一组数据，包括刀具半径补偿值和假想刀尖方位号（0~9），当操作时，可以将每一把刀具的刀具半径补偿值和假想刀尖方位号分别输入刀具半径补偿表对应的存储单元中，即可实现自动补偿。

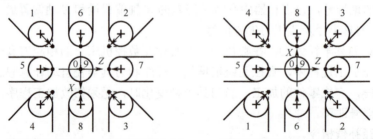

图 1.2.29　数控车床假想刀尖位置的情况

【例 1.2.11】对图 1.2.30 所示的零件，编程原点选择在工件右端面的中心处，在配置后置式刀架的数控车床上加工，数控精加工程序编制如下。

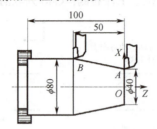

图 1.2.30　刀具半径补偿应用

```
%1104 /程序名/
N5 T0101；/换 1 号外圆车刀/
N10 M03 S800；/主轴以 800r/min 速度正转/
N15 G00 X82 Z2；/刀具快速定位/
N20 G42 G01 X40 Z0 F80；/加入刀具半径补偿，刀具接触工件/
N25 X80 Z-50；/车锥面/
N30 G40 G01 X82；/退刀并取消刀具半径补偿/
N35 G00 X100 Z100；/返回换刀点/
N40 M05；/主轴停/
N45 M30；/程序结束并复位/
```

（4）轴套类零件的掉头加工。

对于两端直径尺寸小、中间直径尺寸大的零件，一般都需要二次装夹，掉头加工。两端加工的分界位置一般取某一最大横截面处。

注意：

① 提前考虑好先加工哪一端。若一端有螺纹，则应将螺纹端后加工，以免掉头后卡盘将螺纹夹坏。

② 提前考虑好两端分别需要哪些刀具。因为掉头后需要再次进行对刀，应避免同一把刀具的重复对刀。

③ 当掉头后对刀试切端面时，要注意保证零件的总长。

④ 零件两端的加工程序，应分别建立独立的程序文件，避免将两端的加工程序写在同一个程序文件中。

三、任务实施

本任务的实施过程分为分析零件图纸、确定工艺过程、数值计算、编写程序、程序调试与检验和零件检测 6 个步骤。

1．分析零件图纸

如图 1.2.1 所示，该零件属于轴套类零件，加工内容包括圆柱、倒角、圆角、槽，因此应选数控车床，采用 ϕ40mm×150mm 毛坯。

2．确定工艺过程

1）拟订工艺路径

（1）确定零件的定位基准。可分别以毛坯轴线和左、右端面为定位基准。

（2）选择加工方法。该零件的加工表面均为回转体，加工表面的加工精度要求较高，采用的加工方法为先粗车后精车。需要掉头加工，左端圆柱面加工精度要求均较高，装夹会破坏已加工好的尺寸精度，而右端 ϕ27mm 表面加工精度要求低，故先加工右端后加工左端，且两端加工的分界位置取距左端面 56mm 的横截面。

（3）确定工艺路径。

① 按 ϕ40mm×150mm 下料。
② 车削右端外圆柱及倒角、圆角。
③ 车削槽。
④ 掉头装夹，并对刀。
⑤ 车削左端外圆柱及倒角。
⑥ 去毛刺。
⑦ 检验。

2）设计数控车床加工工序

（1）选择加工设备。选用系统为华中数控 818a（平床身、刀架前置）的数控车床。

（2）选择工艺装备。

① 该零件采用自动定心三爪卡盘夹紧。

② 刀具。T0101 外圆机夹车刀：C 型，刃长为 12mm，主偏角为 93°，刀具半径为 0.4mm；T0202 外圆切槽刀：宽度为 2mm，切槽深度为 12mm。

刀具半径补偿值：T0101 外圆机夹车刀，使用 G42 模式，补偿半径为 0.4mm、刀尖方位号为 3。

③ 量具。量程为 200mm、分度值为 0.02mm 的游标卡尺；测量范围为 25～50mm、分度值为 0.001mm 的千分尺。

（3）确定工序和走刀路径。按加工过程确定走刀路径如下：沿零件图轮廓先粗车后精车各外圆。

（4）确定主轴转速和进给速度。

主轴转速：车外圆 500r/min、车沟槽 600r/min。

进给速度：车外圆 100mm/min、车沟槽 80mm/min。

3）编制数控技术文档

（1）编制数控加工工艺卡。

从动轴的数控加工工艺卡如表 1.2.4 所示。

表 1.2.4　从动轴的数控加工工艺卡

从动轴				数控加工工艺卡			产品名称或代号	齿轮减速箱	共1页
							零（部）件名称	从动轴	第1页
材料	45	毛坯种类	棒料	毛坯尺寸	ϕ40mm×150mm	每毛坯可制作数	1	程序名	%1101、%1102	备注
序号	工序名称		工序内容及切削用量			设备	夹具	刀具	量具	
1	粗车右外轮廓		粗车右端各外圆 n=500r/min，f=100mm/min，a_p=2mm 单边余量为 0.3mm			数控车床	三爪卡盘	T0101 外圆机夹车刀	游标卡尺	
2	精车右外轮廓		精车右端各外圆 n=500r/min，f=100mm/min			数控车床	三爪卡盘	T0101 外圆机夹车刀	千分尺	
3	切槽		车沟槽 n=600r/min，f=80mm/min，a_p=2mm			数控车床	三爪卡盘	T0202 外圆切槽刀	游标卡尺	
4	保证总长		掉头装夹，保证总长 n=500r/min，f=100mm/min，a_p=2mm			数控车床	三爪卡盘	T0101 外圆机夹车刀	游标卡尺	
5	粗车左外轮廓		粗车左端各外圆 n=500r/min，f=100mm/min，a_p=2mm 单边余量为 0.3mm			数控车床	三爪卡盘	T0101 外圆机夹车刀	游标卡尺	
6	精车左外轮廓		精车左端各外圆 n=500r/min，f=100mm/min			数控车床	三爪卡盘	T0101 外圆机夹车刀	千分尺	
7	铣削键槽		铣削键槽 n=6000r/min，v_f=3000mm/min，a_p=2mm			加工中心	平口钳	立铣刀 D4	游标卡尺	
8	去毛刺		去锐角处毛刺				台虎钳		毛刺笔	
修改标记		签字		日期		制定（日期）			审核（日期）	

（2）编制刀具调整卡。

从动轴的车削加工刀具调整卡如表 1.2.5 所示。

表 1.2.5　从动轴的车削加工刀具调整卡

产品名称或代号		齿轮减速箱	零件名称	从动轴	零件图号	
序号	刀具号	刀具规格名称	刀具参数		刀具补偿地址	
			刀具半径	刀杆规格	半径	形状
1	T0101	外圆机夹车刀	0.4mm	25mm×25mm	0.4mm	01
2	T0202	外圆切槽刀	0.4mm	25mm×25mm		
编制		审核	批准		共　　页	第　　页

3. 数值计算

此零件只需对轨迹点的坐标进行计算，轨迹点的坐标利用一般的解析几何或三角函数关系便可求得，轨迹点的位置如图 1.2.31 所示。

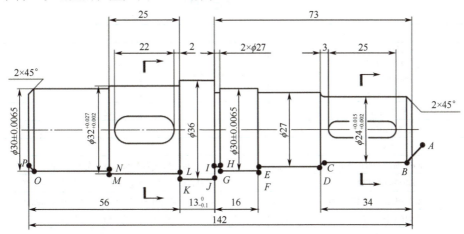

图 1.2.31　轨迹点的位置

若左端以轴线与左端面的交点为编程原点(0,0)，右端以轴线与右端面的交点为编程原点(0,0)，则各轨迹点的绝对坐标如下。

右端中心为编程原点(0,0)，切削起点 A：$(x,z)=(16,2)$，因刀具开始进给时有加速的过程，为保证在切削过程中切削速度的稳定，故切削起点需要略微提前；轨迹点 B：$(x,z)=(24,-2)$；轨迹点 C：$(x,z)=(24,-32.5)$；轨迹点 D：$(x,z)=(27,-34)$；轨迹点 E：$(x,z)=(27,-57)$；轨迹点 F：$(x,z)=(30,-57)$；轨迹点 G：$(x,z)=(30,-71)$；轨迹点 H：$(x,z)=(27,-71)$；轨迹点 I：$(x,z)=(27,-73)$；轨迹点 J：$(x,z)=(36,-73)$；轨迹点 K：$(x,z)=(36,-86)$，如图 1.2.32 所示。

左端中心为编程原点(0,0)，轨迹点 P：$(x,z)=(26,0)$，加工时切削起点宜稍微提前至(22,2)；轨迹点 O：$(x,z)=(30,-2)$；轨迹点 N：$(x,z)=(30,-31)$；轨迹点 M：$(x,z)=(32,-31)$；轨迹点 L：$(x,z)=(32,-56)$；轨迹点 K：$(x,z)=(36,-56)$，加工时 X 轴方向宜多加工 1mm，即切削至(38,-56)，如图 1.2.33 所示。

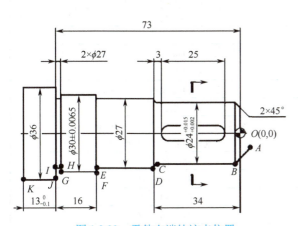

图 1.2.32　零件右端轨迹点位置

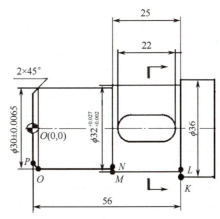

图 1.2.33　零件左端轨迹点位置

4. 编写程序

数控加工程序如表 1.2.6 数控加工程序卡所示。

表 1.2.6 数控加工程序卡

零件图号		零件名称	从动轴	编制日期	
程序名	%1101（右端加工程序） %1102（左端加工程序）	数控系统	HNC-22T	编制	
	程序内容		程序说明		
	%1101				
	N1				
	G94G97M03S500T0101		主轴正转，转速为 500r/min，换 1 号外圆机夹车刀		
	G00 G42X44Z2		刀具快速定位至起刀点，建立刀具半径补偿		
	G71U2R1P10Q20X0.5Z0.3F100		复合循环加工外圆、进给速度为 100mm/min		
	N10 G00 X16		快速定位至精加工切削起点		
	G01 X24Z-2		精车 AB 倒角		
	Z-32.5		精车 BC 外圆		
	G02X27Z-34R1.5		精车 CD 圆角		
	G01 Z-57		精车 DE 外圆		
	X30		精车 EF 轴肩		
	W-16		精车 FG 外圆		
	X36		精车 IJ 轴肩		
	N20 W-18		精车 JK 外圆		
	G00G40X100Z50		沿 X 轴、Z 轴方向快速退刀至换刀点，取消刀具半径补偿		
	N2				
	G94G97M03S600T0202		主轴正转，转速为 600r/min，换 2 号外圆切槽刀		
	G00 X50Z-73		快速定位至切削起点		
	G01 X27F80		切槽、进给速度为 80mm/min		
	G00 X100		沿 X 轴方向退刀		
	Z50		沿 Z 轴方向退刀至换刀点		
	M30		程序结束		
	%1102				
	G94G97M03S500T0101		主轴正转，转速为 500r/min，换 1 号外圆机夹车刀		
	G00 X44Z0		刀具快速定位至切削起点		
	G01 X-1F100		切端面、进给速度为 0.2mm/r		
	G00 X44Z2		刀具快速定位至起刀点		
	G71U2R1P10Q20X0.5Z0.3F100		复合循环加工外圆、进给速度为 100mm/min		
	N10 G00 X22		快速定位至精加工切削起点		
	G01 X30Z-2		精车 PO 倒角		
	Z-31		精车 ON 外圆		
	X32		精车 NM 轴肩		
	Z-56		精车 ML 外圆		
	N20 X38		精车 LK 轴肩		
	G00G40X100Z50		沿 X 轴、Z 轴方向快速退刀至换刀点，取消刀具半径补偿		
	M30		程序结束		

5. 程序调试与检验

采用宇龙数控仿真软件对从动轴进行程序调试与检验。

1）工件右端自动加工

调用右端加工程序，从动轴右端加工结果如图1.2.34所示。

2）工件掉头与保证总长

工件掉头，工件掉头结果如图1.2.35所示。

【二维码5】

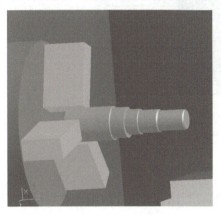

图1.2.34　从动轴右端加工结果

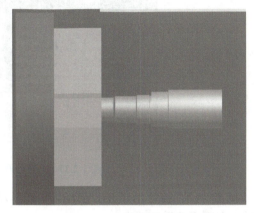

图1.2.35　工件掉头结果

使用手轮控制 1 号外圆机夹车刀平工件右端面。选择"测量\剖面图测量"，弹出"请您做出选择"对话框，选择"是"，半径小于1mm的圆弧也可测量。选择完毕后，系统弹出"车床工件测量"对话框，对已加工的工件长度进行测量，如图1.2.36所示。

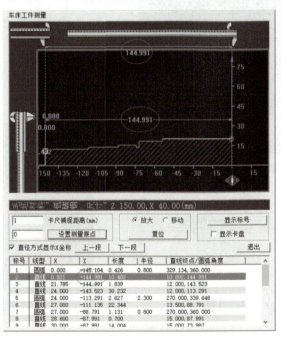

图1.2.36　已加工工件长度测量

单击"+X"按钮退刀。因工件目标长度为142mm，而当前工件长144.991mm，因此需要将工件长度切掉2.991mm，目前 1 号外圆机夹车刀 Z 轴位置坐标为-834.317，将车刀朝 Z 轴负方向移动 2.991mm，即将车刀移动到-837.308 坐标处，沿 X 轴负方向切进去即可保证工件总长为 142mm，如图 1.2.37 和图 1.2.38 所示。

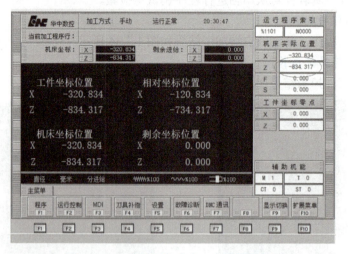

图 1.2.37　1 号外圆机夹车刀实际位置坐标

单击"+X"按钮沿 X 轴正向退刀，在"刀偏表"第一行试切长度栏中输入 0 后按回车键。X 轴方向不需要重新对刀。

3）工件左端自动加工

调用左端加工程序，加工结果如图 1.2.39 所示。

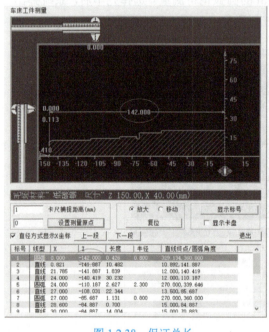

图 1.2.38　保证总长

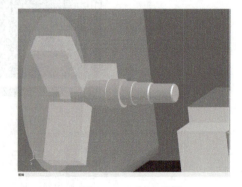

图 1.2.39　加工结果

6. 零件检测

加工完成后，进行加工结果测量，从动轴测量结果如图 1.2.40 所示。表 1.2.7 所示为从动轴检验与评分表。

情境 1　产品订单与数控加工

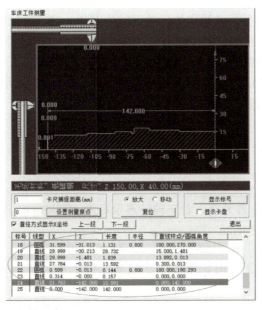

图 1.2.40　从动轴测量结果

表 1.2.7　从动轴检验与评分表

项　目		检 验 要 点	配分	评分标准及扣分	得分
主要项目		外径尺寸 φ24mm	15 分	误差每大于 0.005mm 扣 3 分，误差大于 0.01mm 该项得分为 0	
		外径尺寸 φ30mm	15 分	误差每大于 0.005mm 扣 3 分，误差大于 0.01mm 该项得分为 0	
		外径尺寸 φ32mm	15 分	误差每大于 0.005mm 扣 3 分，误差大于 0.01mm 该项得分为 0	
		倒角尺寸 2×45°（2 处）	10 分	误差每大于 0.05mm 扣 2 分，误差大于 0.2mm 该项得分为 0	
		圆角 R1.5mm	5 分	误差每大于 0.05mm 扣 2 分，误差大于 0.2mm 该项得分为 0	
		零件总长 142mm	15 分	误差每大于 0.02mm 扣 3 分，误差大于 0.1mm 该项得分为 0	
		φ36mm 外圆长度 13mm	15 分	误差每大于 0.02mm 扣 3 分，误差大于 0.1mm 该项得分为 0	
		其他尺寸	10 分	每处 2 分	
用时		规定时间之内（60 分钟）		超时扣分，每超 5 分钟扣 2 分	
总分（100 分）					

【二维码 6】　【二维码 7】　【二维码 8】　【二维码 9】　【二维码 10】　【二维码 11】　【二维码 12】

【二维码 13】　【二维码 14】　【二维码 15】　【二维码 16】　【二维码 17】　【二维码 18】

任务小结

通过本任务的学习，掌握数控加工工艺设计的方法、数控车床编程的基础知识、常用数控车床指令的格式和应用及数控车床仿真软件的使用。

1. 数控车削的主要加工对象：要求高的回转体零件，超精密、超低表面粗糙度的零件，表面形状复杂的回转体零件，带横向加工的回转体零件，带一些特殊类型螺纹的零件。

2. G 指令也叫 G 功能或 G 代码。它是使数控系统建立起某种加工方式的指令。G 指令由地址码 G 和后面的两位数字组成，包括 G00～G99 共 100 种。

3. M 指令也叫 M 功能或 M 代码。M 指令是用地址码 M 及两位数字表示的。它主要用来表示机床操作时的各种辅助动作及其状态。

思考与练习

一、选择题

1. 车削 ϕ100mm 的工件外圆，若主轴转速设定为 1000r/min，则切削速度 v_c 为（　　）m/min。
   A．100　　　　　　B．157　　　　　　C．200　　　　　　D．314

2. 当编排数控加工工序时，采用一次装夹工位上多工序集中加工原则的主要目的是（　　）。
   A．减少换刀时间　　　　　　　　B．减少重复定位误差
   C．减少切削时间　　　　　　　　D．简化加工程序

3. 数控车床恒线速度功能可在加工直径变化的零件时（　　）。
   A．提高尺寸精度　　　　　　　　B．保持表面粗糙度一致
   C．增大表面粗糙度　　　　　　　D．提高形状精度

4. 辅助功能字 M 的功能是设定（　　）。
   A．机床辅助装置的开关动作　　　B．机床或系统工作方式
   C．主轴转速　　　　　　　　　　D．刀具进给速度

5. 在绝对坐标编程中，移动指令终点的坐标值 X、Z 都是以（　　）为基准来计算的。
   A．工件坐标系原点　　　　　　　B．机床坐标系原点
   C．机床参考点　　　　　　　　　D．此程序段起点的坐标值

6. 在增量坐标编程中，移动指令终点的坐标值 X、Z 都是以（　　）为基准来计算的。
   A．工件坐标系原点　　　　　　　B．机床坐标系原点
   C．机床参考点　　　　　　　　　D．此程序段起点的坐标值

7. T0102 表示（　　）。
   A．1 号刀具、1 号刀具半径补偿　　B．1 号刀具、2 号刀具半径补偿
   C．2 号刀具、1 号刀具半径补偿　　D．2 号刀具、2 号刀具半径补偿

8. 数控车床上一般在（　　）轴坐标平面内编程加工。
   A．X-Y　　　　　B．Y-Z　　　　　C．Z-X　　　　　D．X-Y-Z

9. G41 或 G42 指令必须在含有（　　）指令的程序段中才能生效。
   A．G00 或 G01　　B．G02 或 G03　　C．G01 或 G02　　D．G01 或 G03

10. 已知刀具沿一直线方向加工的起点坐标为(20,-10)，终点坐标为(10,20)，则其程序是（　　）。
    A．G01 X20 Z-10 F100　　　　　B．G01 X-10 Z20 F100
    C．G01 U-10 W30 F100　　　　　D．G01 U30 W-10 F100

11. 锻造毛坯适合用（　　）复合型固定循环指令进行车削加工。
    A．G70　　　　　B．G71　　　　　C．G72　　　　　D．G73

12. 程序段 G71 U1 R0.5 中的 U1 指的是（　　）。
A．每次的切削深度（半径值）　　　　B．每次的切削深度（直径值）
C．精加工余量（半径值）　　　　　　D．精加工余量（直径值）
13. G76 指令中的 A（a）指的是（　　）。
A．精车次数　　　B．刀尖角度　　　C．最小车削深度　　　D．螺纹锥度值
14. 在程序段 G71 U（Δd）R（e）…中，Δd 表示（　　）。
A．切深，无正负号，半径值　　　　B．切深，有正负号，半径值
C．切深，无正负号，直径值　　　　D．切深，有正负号，直径值
15. 当编制车螺纹指令时，F 参数是指（　　）。
A．进给速度　　　B．螺距　　　C．头数　　　D．不一定

二、判断题

1. （　）精加工的主要目标是提高生产率。
2. （　）数控加工路径的选择，尽量使加工路径缩短，以减少程序段，并缩短空走刀时间。
3. （　）每一工序中应尽量减少安装次数。因为多一次安装，就会多产生一次误差，而且延长辅助时间。
4. （　）数控编程只与零件图有关，而与加工的工艺过程无关。
5. （　）数控编程有绝对值和增量值编程，使用时不能将它们放在一个程序段内。
6. （　）所有 G 指令都是模态指令。
7. （　）G02 X50 Z-20 I28 K5F0.3 中 I28 K5 表示圆弧的圆心相对圆弧起点的增量坐标。
8. （　）对刀操作的目的是确定工件坐标系原点在机床坐标系中的位置。
9. （　）G00 指令是不能用于进给加工的。
10. （　）取消刀具半径补偿的指令为 G40。
11. （　）G71 指令适用于车削圆棒料毛坯零件。
12. （　）G73 指令适用于加工铸造、锻造的已成型毛坯零件。
13. （　）当进行螺纹切削时，应尽量选择高的主轴转速，以提高螺纹的加工精度。
14. （　）当使用 G71 指令进行内孔粗加工切削循环时，指令中指定的 X 轴方向精加工预留量 U 应取负值。
15. （　）当使用 G71 指令进行粗车时，程序段号 ns～nf 之间的 F、S、T 功能均有效。
16. （　）当使用 G73 指令时，零件沿 X 轴方向的外形（曲线）必须是单调递增或单调递减的。
17. （　）G71 指令和 G73 指令的走刀轨迹一样。
18. （　）需要多次自动循环的螺纹加工，应选择 G76 指令。
19. （　）G82 指令适用于对直螺纹和锥螺纹进行循环切削，每指定 1 次，螺纹切削自动进行 1 次循环。
20. （　）数控车床可以车削直线、斜线、圆弧、公制和英制螺纹、圆柱管螺纹、圆锥螺纹，但是不能车削多头螺纹。

三、问答题

1. 数控车床的主要加工对象有哪些？
2. 分析零件图时要注意哪些内容？

3．划分工序的方法有哪些？

4．安排零件车削加工顺序一般遵循的原则是什么？

5．数控车床常用的刀具有哪些？

6．什么是刀位点、对刀点、换刀点？

7．试解释指令：G90、G91、G92、G94、G95、G96、G97、G00、G01、G02、G03、G04、M00、M02、M30、M03、M04、M05。

四、编程题

1．加工图1.2.41所示的零件，数量为1件，毛坯为$\phi 45mm \times 100mm$的棒料。要求设计数控加工工艺、编写数控加工程序，并进行仿真加工。

2．加工图1.2.42所示的零件，数量为1件，毛坯为$\phi 40mm \times 120mm$的棒料。要求设计数控加工工艺、编写数控加工程序，并进行仿真加工。

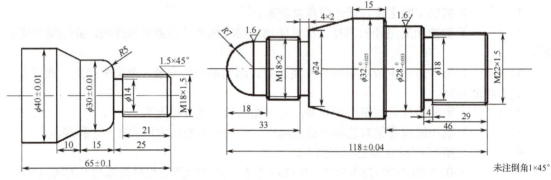

图1.2.41　零件图1　　　　　　　　　图1.2.42　零件图2

3．加工图1.2.43所示的零件，毛坯为$\phi 50mm \times 100mm$的棒料。要求分析零件的加工工艺、编写零件的加工程序，并进行仿真加工。

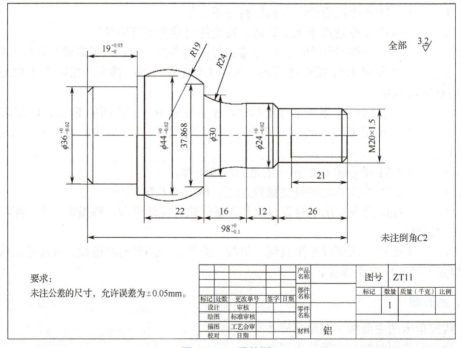

图1.2.43　零件图3

任务 1.3　小闷盖

素质目标

1. 培养创新意识和较强的安全和环保意识。
2. 培养良好的劳动纪律观念和良好的团队协作精神。
3. 培养学生养成按章操作的良好职业习惯。
4. 培养学生的爱国情怀，形成奋发进取、努力拼搏的良好品质。

知识目标

1. 掌握数控铣床 F、S、T 指令。
2. 掌握数控铣床常用编程指令（G90、G91、G00~G03、G54~G59）。
3. 掌握刀具长度补偿指令和刀具半径补偿指令（G43、G44、G49、G40~G42）。
4. 掌握固定循环指令（G73~G89、G98、G99）。

能力目标

1. 通过小闷盖零件的数控加工，具备铣削轮廓数控加工工艺设计及程序编制的能力。
2. 掌握基本的数控铣床编程指令，能对具有直线、圆弧等简单轮廓的数控铣床零件进行程序编制。
3. 掌握宇龙数控仿真软件的操作。

实施过程

本任务的实施过程包括数控铣床编程相关指令介绍、小闷盖的数控编程、小闷盖仿真加工与检验三个部分。

一、任务引入

加工图 1.3.1 所示的零件，数量为 1 件，毛坯为 $\phi54mm \times 7mm$ 的 HT150。要求设计数控加工工艺方案，编制数控加工工艺卡、数控铣床刀具调整卡、数控加工程序卡，并进行仿真加工，优化走刀路径和程序。

二、相关知识

由于数控铣床比数控车床多了一个 Y 轴，因此其常用的 M、G、F、S、T 指令在用法上与数控车床相似，G 指令格式中只是多了 Y 坐标值参数。因此，这里只介绍仅限数控铣床使用的参数。

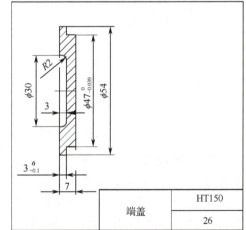

图 1.3.1　小闷盖

1）T 指令

相比数控车床，数控铣床 T 指令的代码格式为 T××，T 后的两位数字表示选择的刀具号，如 T01 表示选择 1 号刀具。由于数控铣床只能装一把刀具，因此刀具选择指令只能是 T01，但在程序中可以调用不同的刀具补偿值，如半径补偿程序 G41 D03，调用的是刀具补偿表中 3 号半径补偿值；长度补偿程序 G43 H05，调用的是刀具补偿表中 5 号长度补偿值。

对于有机械手刀具库的加工中心，执行 T 指令，即给机床输入一个信号，由此来控制刀具库转动至所选择的刀具，然后等待，直到 M06 T_指令作用时自动完成换刀。

2）G 指令

同数控车床一样，G 指令是编制数控铣床程序的核心内容，编程员必须熟练掌握 G 指令的特点和使用方法。G 指令由地址码 G 后跟两位或三位数字组成。

（1）工件坐标系的建立。

工件原点的选择原则：工件原点应选在零件图的尺寸基准上；工件原点应尽量选在精度较高的工件表面上，以提高工件的加工精度；对于对称的工件，工件原点应选在对称中心上；Z 轴方向的原点一般选在工件的上表面上。

【G54～G59 工件原点偏置】

编程格式：G54～G59。

说明：（各参数含义如图 1.3.2 所示）

① 将工件原点平移至工件基准处，称为工件原点的偏置。

② 一般可预设 6 个（G54～G59）工件坐标系，这些坐标系的原点在机床坐标系中的值可用手动方式输入，存在机床存储器内，使用时可在程序中指定。

③ 一旦指定了 G54～G59 之一，就确定了工件坐标系，后续程序段中的工件绝对坐标均为此工件坐标系中的值。

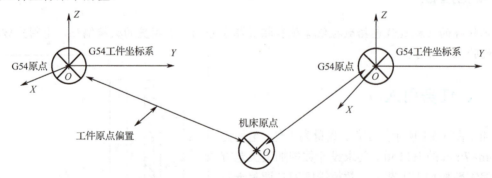

图 1.3.2 工件坐标系选择（G54～G59）

【例 1.3.1】如图 1.3.3 所示，使用工件坐标系编程，要求刀具先从当前点移动到 G54 坐标系下的 A 点，再移动到 G59 坐标系下的 B 点，最后移动到 G54 坐标系的零点 O_1。

注意：使用 G54～G59 指令前，需手动输入各坐标系的坐标原点在机床坐标系中的坐标值（G54 寄存器中 X、Y 分别为-186.372、-98.359；G59 寄存器中 X、Y 分别为-117.452、-63.948）。该值是通过对刀得到的，受编程原点和工件安装位置的影响。G54～G59 指令为模态指令，可以相互注销。

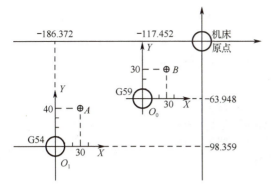

```
%1000（当前点→A→B→O₁）
N01  G54  G00  G90  X30  Y40
N02  G59
N03  G00  X30  Y30
N04  G54
N05  X0  Y0
N06  M30
```

图 1.3.3 G54～G59 工件原点偏置

（2）G02、G03。

编程格式：$G17 \begin{Bmatrix} G02 \\ G03 \end{Bmatrix} X\_Y\_ \begin{Bmatrix} I\_J\_ \\ R \end{Bmatrix} F\_\_$ ；

$G18 \begin{Bmatrix} G02 \\ G03 \end{Bmatrix} X\_Z\_ \begin{Bmatrix} I\_K\_ \\ R \end{Bmatrix} F\_\_$ ；

$G19 \begin{Bmatrix} G02 \\ G03 \end{Bmatrix} Y\_Z\_ \begin{Bmatrix} J\_K\_ \\ R \end{Bmatrix} F\_\_$ 。

说明：G02 表示顺时针圆弧插补，G03 表示逆时针圆弧插补。X、Y、Z 为圆弧终点坐标。I、J、K 为圆心相对于圆弧起点的坐标增加量，即圆心的坐标减去圆弧起点的坐标，无论采用绝对编程方式还是增量编程方式，都是以增量方式指定的。R 为圆弧半径，当圆弧所对应的圆心角小于或等于 180°时，R 为正值；当圆弧所对应的圆心角大于 180°时，R 为负值；如果圆弧是一个封闭整圆，则不可以使用 R 编程，只能使用 I、J、K 编程。F 为进给速度。

不同平面的 G02 与 G03 的选择如图 1.3.4 所示。I、J、K 的选择如图 1.3.5 所示。

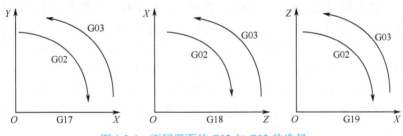

图 1.3.4 不同平面的 G02 与 G03 的选择

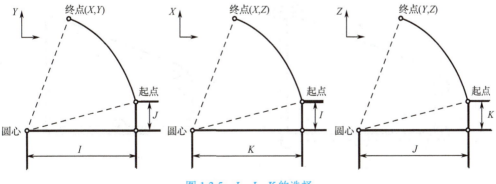

图 1.3.5 I、J、K 的选择

注意：圆弧顺、逆时针的判别方法为，在圆弧插补中，沿垂直于要加工的圆弧所在平面的坐标轴由正方向向负方向看，刀具相对于工件的转动方向是顺时针为G02，是逆时针为G03。

【例1.3.2】使用G02对图1.3.6所示的劣弧 a 和优弧 b 编程。

① 圆弧 a 的4种编程方法。

G91 G02 X30 Y30 R30 F300   /相对坐标半径圆弧插补/
G91 G02 X30 Y30 I30 J0 F300   /相对坐标圆心圆弧插补/
G90 G02 X0 Y30 R30 F300   /绝对坐标半径圆弧插补/
G90 G02 X0 Y30 I30 J0 F300   /绝对坐标圆心圆弧插补/

② 圆弧 b 的4种编程方法。

G91 G02 X30 Y30 R-30 F300   /相对坐标半径圆弧插补/
G91 G02 X30 Y30 I0 J30 F300   /相对坐标圆心圆弧插补/
G90 G02 X0 Y30 R-30 F300   /绝对坐标半径圆弧插补/
G90 G02 X0 Y30 I0 J30 F300   /绝对坐标圆心圆弧插补/

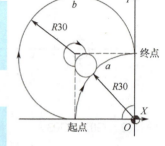

图1.3.6 圆弧编程

【例1.3.3】使用G02/G03对图1.3.7所示的整圆编程。

① 从 A 点顺时针一周。

G90 G02 X30 Y0 I 30 J0 F300
G91 G02 X0 Y0 I 30 J0 F300

② 从 B 点逆时针一周。

G90 G03 X0 Y 30 I0 J30 F300
G91 G03 X0 Y0 I0 J30 F300

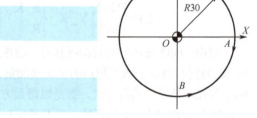

图1.3.7 整圆编程

（3）G40、G41、G42。

【刀具半径补偿的作用】

当在铣床上进行轮廓加工时，因为铣刀具有一定的半径，所以刀具中心（刀心）轨迹和工件轮廓不重合。若数控系统不具备刀具半径补偿功能，则只能按刀心轨迹进行编程，如图1.3.8（a）中的点画线所示，其数值计算有时相当复杂，尤其当刀具磨损、重磨、换新刀等导致刀具半径变化时，必须重新计算刀心轨迹，修改程序，这样既烦琐，又不易保证加工精度。当数控系统具备刀具半径补偿功能时，编程只需按工件轮廓线进行，如图1.3.8（b）中的粗实线所示，数控系统会自动计算刀心轨迹坐标，使刀具偏离工件轮廓一个半径值，即进行刀具半径补偿。

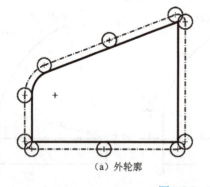 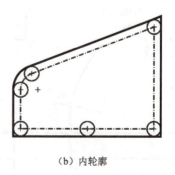

（a）外轮廓　　　　　　　　　　　（b）内轮廓

图1.3.8 刀具半径补偿

情境 1　产品订单与数控加工

【刀具半径补偿的方法】

刀具半径补偿是将计算刀心轨迹的过程交由 CNC 执行，编程员假设刀具半径为 0，直接根据零件的轮廓形状进行编程，而实际的刀具半径值存放在刀具半径补偿表中。在加工过程中，CNC 根据零件程序和刀具半径，自动计算刀心轨迹，完成对零件的加工。当刀具半径发生变化时，不需要修改程序，只需修改存放在刀具半径补偿表中的刀具半径值即可。

【刀具半径补偿指令 G40、G41、G42】

编程格式：$\begin{Bmatrix} G17 \\ G18 \\ G19 \end{Bmatrix} \begin{Bmatrix} G40 \\ G41 \\ G42 \end{Bmatrix} \begin{Bmatrix} G00 \\ G01 \end{Bmatrix} X\_Y\_Z\_D\_$ 。

说明：

- 在刀具半径补偿发生前，刀具半径补偿值必须在刀具半径补偿表中设置完成。X/Y/Z：刀具半径补偿建立或取消的终点。
- G40：取消刀具半径补偿。
- G41：左刀具半径补偿，规定沿着刀具运动方向看，刀具位于工件轮廓（编程轨迹）左边，则为左刀具半径补偿，如图 1.3.9（a）所示。
- G42：右刀具半径补偿，规定沿着刀具运动方向看，刀具位于工件轮廓（编程轨迹）右边，则为右刀具半径补偿，如图 1.3.9（b）所示。
- D：刀具半径补偿表中刀具半径补偿号（D00～D99），代表刀具半径补偿表中对应的补偿值。
- G40 指令必须与 G41 或 G42 指令成对使用。
- 刀具半径补偿的建立与取消只能用 G00 或 G01 指令，不能用 G02 或 G03 指令。G40、G41、G42 为模态指令，可以相互注销。

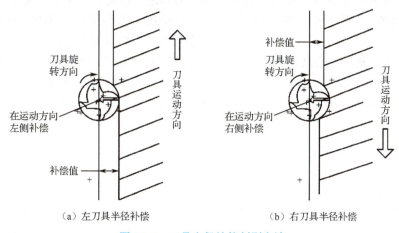

图 1.3.9　刀具半径补偿判别方法

注意：

① 当使用刀具半径补偿时，必须选择工作平面（G17、G18、G19），如果选用工作平面 G17，则执行 G17 指令后，刀具半径补偿仅影响 X 轴、Y 轴方向的运动，而对 Z 轴没有作用。

② 当主轴顺时针旋转时，使用 G41 指令的铣削方式为顺铣，使用 G42 指令的铣削方式为逆铣。数控铣床为提高加工表面质量，经常采用顺铣，即 G41 指令。

③ 当建立和取消刀具半径补偿时，必须与G01或G00指令组合完成。若配合G02或G03指令使用，则数控机床会报警。在实际编程中，建议使用G01指令。建立和取消刀具半径补偿的过程如图1.3.10所示，刀具从无刀具半径补偿状态点O，配合G01指令运动到补偿开始点A，刀具半径补偿建立。工件轮廓加工完成后，还要取消刀具半径补偿，即从补偿结束点B，配合G01指令运动到无刀具半径补偿状态点O。

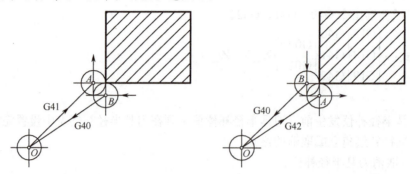

(a) 左刀具半径补偿的建立和取消　　　　(b) 右刀具半径补偿的建立和取消

图1.3.10　建立和取消刀具半径补偿的过程

【刀具半径补偿功能的应用】

① 直接按零件轮廓尺寸进行编程，避免计算刀心轨迹坐标，简化数控程序的编制。

② 刀具因磨损、重磨、换新刀而导致半径变化后，不必修改程序，只需在刀具半径补偿表中输入变化后的刀具半径，如图1.3.11所示，1为未磨损刀具，半径为r_1，2为磨损后刀具，半径为r_2，刀具磨损量$\Delta = r_1 - r_2$，即刀具磨损后加工轮廓与理论轮廓相差Δ。在实际加工中，只需将刀具半径补偿表中的刀具半径r_1改为$r_2 = r_1 - \Delta$，即可适用于同一加工程序。

利用刀具半径补偿功能实现同一程序、同一刀具进行粗精加工及尺寸精度控制。粗加工刀具半径补偿值=刀具半径补偿值+精加工余量，精加工刀具半径补偿值=刀具半径+修正量，如图1.3.12所示，刀具半径为r，精加工余量为Δ。当粗加工时，输入刀具半径补偿值$D = r + \Delta$，则加工轨迹为中心线轮廓；当精加工时，若测得粗加工时工件尺寸为L_1，而理论尺寸应为L_2，故尺寸变化量为$\Delta_1 = L_1 - L_2$，则将粗加工时的刀具半径补偿值$D = r + \Delta$改为$D = r - \Delta_1/2$，即可保证L_1的尺寸精度。图中P_1为粗加工时的刀心位置，P_2为修改刀具半径补偿值后的刀心位置。

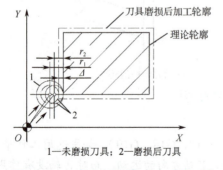

1—未磨损刀具；2—磨损后刀具

图1.3.11　刀具半径变化，加工程序不变

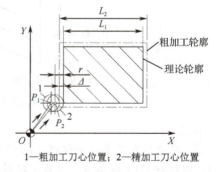

1—粗加工刀心位置；2—精加工刀心位置

图1.3.12　利用刀具半径补偿进行粗精加工

【例 1.3.4】考虑刀具半径补偿，编制图 1.3.13 所示零件的加工程序，要求按箭头所指示的路径进行加工，设加工开始时刀具距离工件上表面 50mm，切削深度为 10mm。

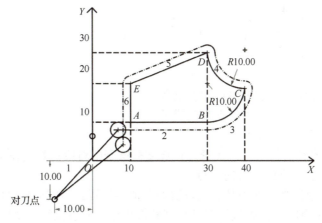

图 1.3.13 刀具半径补偿编程

刀具半径补偿参考程序如表 1.3.1 所示。

表 1.3.1 刀具半径补偿参考程序

程 序 内 容	程 序 说 明
%3322	程序名
G92 X10 Y10 Z50	建立工件坐标系
G90 G17	绝对坐标
G42 G00 X4 Y10 D01	右刀具半径补偿
Z2 M03 S900	刀具走到 Z2，主轴正转，转速为 900r/min
G01 Z-10 F800	刀具下刀到 Z-10
X30	直线插补到 X30
G03 X40 Y20 I0 J10	逆时针圆弧插补到坐标 X40 Y20
G02 X30 Y30 I0 J10	顺时针圆弧插补到坐标 X30 Y30
G01 X10 Y20	直线插补到 X10 Y20
Y5	直线插补到 Y5
G00 Z50 M05	快速定位到 Z50
G40 X10 Y10	取消刀具半径补偿
M30	程序结束

（4）G43、G44、G49。

【刀具长度补偿的作用】

刀具长度补偿用来补偿刀具长度方向尺寸的变化。在编写工件加工程序时，先不考虑实际刀具的长度，而是按照标准刀具长度或确定一个编程参考点进行编程，如果实际刀具长度和标准刀具长度不一致，则通过刀具长度补偿功能来实现刀具长度差值的补偿。

【刀具长度补偿的方法】

刀具长度补偿在发生作用前，必须先进行刀具参数的设置。对数控铣床而言，采用机外对刀法。将获得的数据通过手动数据输入（MDI）方式输入到数控系统的刀具参数表中。

【刀具长度补偿指令 G43、G44、G49】

编程格式：$\begin{Bmatrix} G17 \\ G18 \\ G19 \end{Bmatrix} \begin{Bmatrix} G43 \\ G44 \\ G49 \end{Bmatrix} \begin{Bmatrix} G00 \\ G01 \end{Bmatrix} X\_Y\_Z\_H\_$。

说明：

① G43：正向补偿（补偿轴终点加偏置量）。

② G44：负向补偿（补偿轴终点减偏置量）。

③ G49：取消刀具长度补偿。

④ H：刀具长度补偿偏置号，代表刀具长度补偿表中对应的长度补偿值（H00～H99）。

X/Y/Z：刀具长度补偿建立或取消的终点。

⑤ 刀具长度补偿值必须在刀具长度偏置寄存器中设置。当同一程序段中既有运动指令，又有刀具长度补偿指令时，首先执行刀具长度补偿指令，然后执行运动指令。

⑥ G43、G44、G49 都是模态指令，可以相互注销。G49 指令必须与 G43 或 G44 指令成对使用。刀具补偿轴为垂直于加工平面的轴，若选择 G17，则进行的是 Z 轴补偿。

如果刀具长度偏置寄存器 H01 中存放的刀具长度值为 10mm，则执行语句 G90 G01 G43 Z-15. H01，刀具实际运动到 Z（-15+10）=Z（-5）的位置；如果将该语句改为 G90 G01 G44 Z-15. H01，则刀具实际运动到 Z（-15-10）=Z（-25）的位置。

（5）孔加工固定循环指令。

在数控铣床与加工中心上进行孔加工时，通常采用系统配备的固定循环指令进行编程。固定循环主要是指加工孔的固定循环和铣削型腔的固定循环。在学习前面的加工指令时，一般每一个 G 指令都对应机床的一个动作，它需要用一个程序段来实现。由于每个孔的加工过程基本相同：首先快速进给、工进钻孔、快速退出，然后在新的位置定位后重复上述动作。当编程时，同样的程序段需要编写若干次，十分麻烦。为了进一步提高编程效率，系统对一些典型加工中的几个固定、连续的动作规定了一个 G 指令来指定，并用固定循环指令来选择。使用固定循环指令，可以大大简化程序的编制。

华中数控系统常用的固定循环指令能完成的工作有镗孔、钻孔和攻螺纹等。这些固定循环通常包括在 XY 平面定位、快速运动到 R 平面、孔加工、孔底动作（包括暂停、主轴准停、刀具移位等动作）、返回 R 平面和返回起点 6 个基本动作。

固定循环的 6 个基本动作如图 1.3.14 所示。图中实线表示进给运动，虚线表示快速运动。R 平面为在孔口时快速运动与进给运动的转换位置。

【固定循环数据格式指令（G90 和 G91）】

在 G90 模式下，R 与 Z 一律取其终点坐标值。

在 G91 模式下，R 是自起点到 R 平面的距离，Z 是自 R 点（参考点）到 Z 点的距离（孔底位置 Z 坐标）。

【返回点指令（G98 和 G99）】

指定 G98，刀具返回起点所在平面（初始平面）。

指定 G99，刀具返回 R 点所在平面（R 平面）。

起点是为安全下刀而规定的点，该点到零件表面的距离可以任意设定。R 点是刀具由快进转为工进的转换点，距工件表面的距离主要考虑工件表面尺寸的变化，一般可取 2～5mm，如图 1.3.15 所示。

图 1.3.14　固定循环的 6 个基本动作　　　　图 1.3.15　初始平面和 R 平面

【固定循环指令格式】

编程格式：G90（G91） G98（G99） G73～G89 X_ Y_ Z_ R_ Q_ P_ F_ L_。

说明：

① G90/G91：数据编程方式。G90 为绝对编程方式，G91 为增量编程方式。

② G98/G99：返回点位置。G98 指令返回初始平面，G99 指令返回 R 平面。

③ G73～G89：孔加工方式。孔加工固定循环指令如表 1.3.2 所示。G73～G89 是模态指令，因此，多孔加工时该指令只需指定一次，以后的程序段只给出孔的位置即可。

④ X、Y：指定孔在 XOY 平面的坐标位置（增量坐标值或绝对坐标值）。

⑤ Z：指定孔底位置坐标值，在增量编程方式下，为 R 平面到孔底的距离；在绝对编程方式下，为孔底的 Z 坐标值。

⑥ R：在增量编程方式下，为起点到 R 平面的距离；在绝对编程方式下，为 R 平面的绝对坐标值。

⑦ Q：在 G73、G83 指令中用来指定每次进给的深度；在 G76、G87 指令中用来指定刀具的退刀量。它始终是一个增量值。

⑧ P：孔底暂停时间，最小单位为 1ms。

⑨ F：切削进给的速度。在图 1.3.14 中，动作 3 的速度由 F 指定，动作 5 的速度由选定的循环方式确定。

⑩ L：固定循环次数。如果不指定 L，则只进行一次循环。当 L=0 时，孔加工数据被存入机床，机床不动作。在增量编程方式（G91）下，如果有孔距相同的若干相同孔，则采用"重复"方法来编程是很方便的。例如，当指令为 G91 G81 X50.0 Z-20.0 R-10.0 L6 F200 时，其运动轨迹如图 1.3.16 所示。如果采用绝对编程方式，则上述指令不能钻出 6 个孔，仅在第 1 个孔处往复钻 6 次，结果是 1 个孔。

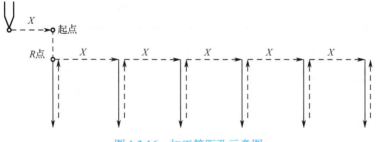

图 1.3.16　加工等距孔示意图

G73～G89、Z、R、P、Q 都是模态指令。固定循环加工方式一旦被指定，在加工过程中就保持不变，直到指定其他循环孔加工方式或使用 G80 指令取消固定循环为止，如果程序中使用 G00、G01、G02、G03 指令，则固定循环加工方式及其加工数据也会全部被取消。

表 1.3.2 孔加工固定循环指令

G 指令	孔加工行程（-Z）	孔 底 动 作	返回行程（+Z）	用　　途
G73	断续进给		快速进给	高速深孔往复排屑钻
G74	切削进给	主轴正转	切削进给	攻左旋螺纹
G76	切削进给	主轴准停刀具移位	快速进给	精镗
G80				取消指令
G81	切削进给		快速进给	钻孔
G82	切削进给	暂停	快速进给	钻孔
G83	断续进给		快速进给	深孔排屑钻
G84	切削进给	主轴反转	切削进给	攻右旋螺纹
G85	切削进给		切削进给	镗削
G86	切削进给	主轴停转	切削进给	镗削
G87	切削进给	刀具移位主轴启动	快速进给	背镗
G88	切削进给	暂停、主轴停转	手动操作后快速返回	镗削
G89	切削进给	暂停	切削进给	镗削

【例 1.3.5】对图 1.3.17 所示的 5 个 ϕ8mm、深度为 50mm 的孔进行加工。显然，这属于深孔加工。利用 G83 指令进行深孔加工的参考程序如表 1.3.3 所示。

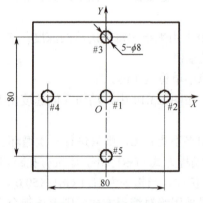

图 1.3.17 深孔加工

表 1.3.3 深孔加工参考程序

程　　序	说　　明
%1234	程序名
N10 G56 G90 G01 Z60 F2000	选择 2 号加工坐标系，到 Z 轴方向起点
N20 M03 S600	主轴启动
N30 G99 G83 X0 Y0 Z-50 R30 Q-5 K2 F50	选择深孔钻削方式加工 1 号孔
N40 X40	选择深孔钻削方式加工 2 号孔

续表

程 序	说 明
N50 X0 Y40	选择深孔钻削方式加工 3 号孔
N60 X-40 Y0	选择深孔钻削方式加工 4 号孔
N70 X0 Y-40	选择深孔钻削方式加工 5 号孔
N80 G01 Z60 F2000	返回 Z 轴方向起点
N90 M05	主轴停
N100 M30	程序结束并返回起点

加工坐标系设置：G56，$X=-400$，$Y=-150$，$Z=-50$。

在上述程序中，选择深孔钻削方式进行孔加工，并用 G99 指令确定每个孔加工完毕后，回到 R 平面。设定孔口表面的 Z 向坐标为 0，R 平面的坐标为 30，每次切深量 Q 为 5mm，设定退刀量 K 为 2mm。

【例 1.3.6】对图 1.3.18 中的 4 个孔进行攻右旋螺纹，螺纹深度为 8mm，选 10mm 丝锥，导程为 2mm。

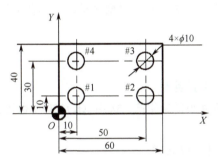

图 1.3.18 螺旋孔加工

螺旋孔加工参考程序如表 1.3.4 所示。

表 1.3.4 螺旋孔加工参考程序

程 序	说 明
%0004	程序名
G92 X0 Y0 Z0	建立工件坐标系
G90 G00 Z30 M08	快速点定位到 Z30
G00 X10 Y10	快速点定位到 1 号点位置 X10 Y10
S150 M03	主轴正转
G99 G84 Z-8 R5 P3 F2	攻 1 号右螺纹
X50	攻 2 号右螺纹
Y30	攻 3 号右螺纹
X10	攻 4 号右螺纹
G80	注销固定循环
G00 Z30	快速点定位到 Z30
M05	主轴停止转动
G00 X0 Y0	快速点定位到 X0 Y0
M30	程序结束

三、任务实施

本任务的实施过程分为分析零件图纸、确定工艺过程、数值计算、编写程序、程序调试与检验、零件检测 6 个步骤。

【二维码19】 【二维码20】 【二维码21】

1. 分析零件图纸

1）结构分析

该零件属于轮盘类零件，加工内容包括平面、直线和圆弧等组成的外轮廓和内轮廓。

2）尺寸分析

该零件图尺寸完整，主要尺寸分析如下。

毛坯尺寸为 $\phi55mm \times \phi8mm$，$\phi30mm$ 型腔处于毛坯的正中间位置，槽深 3mm，圆弧半径为 2mm。

3）表面粗糙度分析

小闷盖各个表面的粗糙度为 $12.5\mu m$。根据分析，小闷盖的所有表面都可以加工出来，经济性能良好。

2. 确定工艺过程

1）选择加工设备，确定生产类型

零件数量为 1 件，属于单件小批量生产。选用 XK7130 型数控铣床，系统为华中 HNC-8 型。

2）选择工艺装备

（1）该零件采用三爪卡盘定位夹紧。

（2）刀具选择如下。

$\phi10mm$ 硬质合金普通平铣刀：铣小闷盖端面和轮廓；$\phi4mm$ 硬质合金球铣刀：铣小闷盖内轮廓 $R2mm$ 圆弧槽。

3）量具选择

量程为 100mm、分度值为 0.02mm 的游标卡尺。

4）拟订加工工艺路径

（1）确定工件的定位基准。以工件底面和圆柱面为定位基准。

（2）选择加工方法。该零件的加工表面为平面、槽，加工表面的最大加工精度不高，表面粗糙度为 $12.5\mu m$，采用的加工方法为粗铣。

（3）拟订工艺路径。

当平面进给时，为了使槽具有较好的表面质量，采用顺铣方式铣削。用三爪卡盘定位装夹毛坯，用直径为 10mm 的平铣刀直接加工。先加工外轮廓直径为 47mm、深度为 4mm 的外圆，再翻转零件，加工图纸左侧直径为 54mm 的外轮廓，加工左侧平面至深度为 3mm，在直径为 30mm 的内轮廓上开粗，最后换直径为 4mm 的球铣刀加工内轮廓 $R2mm$ 过渡圆弧槽，即可完成零件的加工。

5）编制数控技术文档

（1）编制数控加工工艺卡。

小闷盖的数控加工工艺卡如表 1.3.5 所示。

表 1.3.5　小闷盖的数控加工工艺卡

小闷盖			数控加工工艺卡			产品名称或代号	齿轮减速箱	共1页
						零（部）件名称	小闷盖	第(1)页
材料	HT150	毛坯种类	铸件	毛坯尺寸	ϕ55mm×8mm	每毛坯可制作数	1	程序名	%13111、%13112、%13113、%13114	备注
序号	工序名称		工序内容及切削用量			设备	夹具	刀具	量具
1	铣右端外轮廓		铣ϕ47mm 轮廓外形，深 4mm $n=1000r/min$，$v_f=500mm/min$，$a_p=4mm$			数控铣床	三爪卡盘	平铣刀 D10	游标卡尺
2	铣左端外轮廓，端面，内型腔		翻转 180°，铣ϕ54mm 外轮廓和左端面至规定尺寸，内型腔ϕ30mm，深 3mm $n=1000r/min$，$v_f=500mm/min$，$a_p=4mm$			数控铣床	三爪卡盘	平铣刀 D10	游标卡尺
3	铣内型腔 R2mm 过渡圆弧槽		铣ϕ30mm，R2mm 内型腔，圆角清根深 3mm $n=1000r/min$，$v_f=500mm/min$，$a_p=3mm$			数控铣床	三爪卡盘	球铣刀 D4	游标卡尺
4	去毛刺		去锐角处毛刺			台虎钳		毛刺笔	
修改标记		签字		日期		制定（日期）		审核（日期）	

（2）编制刀具调整卡。

小闷盖的刀具调整卡如表 1.3.6 所示。

表 1.3.6　小闷盖的刀具调整卡

产品名称或代号		齿轮减速箱	零件名称	小闷盖		零件图号	
序号	刀具号	刀具名称	刀具材料	刀具参数		刀具补偿地址	
				直径	长度	半径	长度
1	T01	平铣刀	HSS	ϕ10mm	70mm	D01=5mm D02=-4mm D03=-13mm D04=-22mm	
2	T02	球铣刀	HSS	ϕ4mm	80mm	D01=5mm D02=12mm D01=2mm	
编制		审核		批准		共　页	第　页

3. 数值计算

小闷盖水平放置，以毛坯上表面的中心点为坐标原点，从外轮廓直径 47mm 的外面起刀点进刀，采用刀具半径补偿指令，设置引刀量，绕外圆直径 47mm 逆时针走整圆后沿切向切出，回到起刀点，如图 1.3.19 所示，各轨迹点的坐标为 $A(-40,-40)$、$B(-30,-23.5)$、$C(0,-23.5)$、$D(30,-23.5)$。翻转 180°，反面装夹后，加工左侧外轮廓和内型腔，如图 1.3.20 所示，加工左侧外轮廓时刀路轨迹点的坐标为 $A(-40,-40)$、$B(-30,-27)$、$C(0,-27)$、$D(30,-27)$。

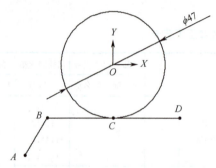 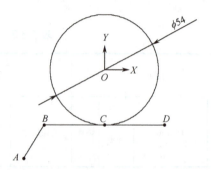

图 1.3.19　外轮廓直径 47mm 刀具路径　　　图 1.3.20　外轮廓直径 54mm 刀具路径

4. 编写程序

编程原点选择工件上表面的中心点，程序如表 1.3.7～表 1.3.10 所示。

表 1.3.7　小闷盖右端直径 47mm 外圆的数控加工程序卡

零件图号		零件名称	小闷盖	编制日期	
程序名	%13111	数控系统	HNC-21	编制	
程序内容			程序说明		
%13111			程序名		
G90 G54 G00 X0 Y0 Z5			选择 G54 坐标系作为当前坐标系，选择刀具		
M03 S1000			主轴正转，转速为 1000r/min		
G01 X-40 Y-40 F200			刀具工进到起刀点(-40,-40)		
G01 Z-4			刀具下降到工件上表面下方 4mm 处		
G42 G01 X-30 Y-23.5 D01			建立右刀具半径补偿，刀具补偿半径为 5mm，移动到点(-30,-23.5)		
G01 X0 Y-23.5			刀具工进到点(0,-23.5)		
G03 X0 Y-23.5 I0 J23.5			加工直径为 47mm 的外圆		
G01 X30			刀具退出到点(30,-23.5)		
G40 G01 X-40 Y-40			取消刀具半径补偿，回到起刀点(-40,-40)		
G01 Z5			刀具抬高到距工件上表面 5mm 处		
G00 X0 Y0			刀具移动到工件原点(0,0)		
M05			主轴停止转动		
M30			程序结束		

表 1.3.8　小闷盖左端外轮廓和端面的数控加工程序卡

零件图号		零件名称	小闷盖	编制日期	
程序名	%13112	数控系统	HNC-21	编制	
程序内容			程序说明		
%13112			程序名		
G90 G54 G00 X0 Y0 Z5			选择 G54 坐标系作为当前坐标系，选择刀具		
M03 S2000			主轴正转，转速为 2000r/min		

续表

零件图号		零件名称	小闷盖	编制日期	
程序名	%13112	数控系统	HNC-21	编制	
程 序 内 容			程 序 说 明		
G01 X-40 Y-40 F1000			刀具移动到起刀点(-40,-40)		
G01 Z-4.5			刀具下降到距工件上表面4.5mm处		
G42 G01 X-30 Y-27 D01			建立右刀具半径补偿,补偿值为5mm,移动到点(-30,-27)		
G01 X0 Y-27			刀具移动到点(0,-27)		
G03 X0 Y-27 I0 J27			刀具做整圆周运动,加工直径为54mm的外圆		
G01 X30			刀具退出到点(30,-27)		
G40 G01 X-40 Y-40			取消刀具半径补偿,刀具移动到点(-40,-40)		
G01 Z-1			刀具下降到工件上表面下方1mm处		
G42 G01 X-30 Y-27 D02			建立右刀具半径补偿,补偿值为-4mm,移动到点(-30,-27)		
M98 P0004 L1			调用子程序%0004		
G42 G01 X-30 Y-27 D03			建立右刀具半径补偿,补偿值为-13mm,移动到点(-30,-27)		
M98 P0004 L1			调用子程序%0004		
G42 G01 X-30 Y-27 D04			建立右刀具半径补偿,补偿值为-22mm,移动到点(-30,-27)		
M98 P0004 L1			调用子程序%0004		
M05			主轴停止转动		
M30			程序结束		
%0004			程序名		
G01 X0 Y-27			刀具移动到外轮廓最下端点(0,-27)		
G03 X0 Y-27 I0 J27			刀具做整圆周运动,回到点(0,-27)		
G01 X30			刀具移动到点(30,-27)		
G40 G01 X-40 Y-40			取消刀具半径补偿,回到起刀点(-40,-40)		
M99			子程序结束		

表1.3.9 小闷盖左端直径30mm内轮廓开粗的数控加工程序卡

零件图号		零件名称	小闷盖	编制日期	
程序名	%13113	数控系统	HNC-21	编制	
程 序 内 容			程 序 说 明		
%13113			程序名		
G90 G54 G00 X0 Y0 Z5			选择G54坐标系作为当前坐标系		
M03 S1000			主轴正转,转速为1000r/min		
G01 Z-4 F500			刀具下降到距工件上表面3mm处		
G41 G01 X0 Y-13 D01			建立左刀具半径补偿,补偿值为5mm,刀具移动到点(0,-13)		
G03 X0 Y-13 I0 J13			刀具做整圆周运动,回到点(0,-13)		
G40 G01 X0 Y0			取消刀具半径补偿,刀具移动到点(0,0)		

续表

零件图号		零件名称	小闷盖	编制日期	
程序名	%13113	数控系统	HNC-21	编制	
程 序 内 容			程 序 说 明		
G41 G01 X0 Y-13 D02			建立左刀具半径补偿,补偿值为12mm,刀具移动到点(0,-13)		
G03 X0 Y-13 I0 J13			刀具做整圆周运动,回到点(0,-13)		
G40 G01 X0 Y0			取消刀具半径补偿,刀具移动到点(0,0)		
G00 Z20			刀具快速移动到工件上表面上方20mm处		
M05			主轴停止转动		
M30			程序结束		

表1.3.10 小闷盖左端内轮廓清根的数控加工程序卡

零件图号		零件名称	小闷盖	编制日期	
程序名	%13114	数控系统	HNC-21	编制	
程 序 内 容			程 序 说 明		
%13114			程序名		
G90 G54 G00 X0 Y0 Z5			选择G54坐标系作为当前坐标系,选择刀具		
M03 S1000			主轴正转,转速为1000r/min		
G01 Z-3F500			刀具下降到距工件上表面3mm处		
G41 G01 X0 Y-15 D01			建立左刀具半径补偿,补偿值为2mm,刀具移动到点(0,-15)		
G03 X0 Y-15 I0 J15			刀具做整圆周运动,回到点(0,-15)		
G40 G01 X0 Y0			取消刀具半径补偿,刀具移动到点(0,0)		
G00 Z20			刀具快速移动到工件上表面上方20mm处		
M05			主轴停止转动		
M30			程序结束		

5．程序调试与检验

仿真操作的加工步骤为选择机床、机床回零、安装工件、对刀、设置参数、输入程序、检查轨迹、自动加工、测量零件尺寸。

此处,小闷盖按照零件加工顺序需要调用4个加工程序,完成3次对刀操作,分4次进行程序调试与检验。

图1.3.21所示为小闷盖右端直径47mm外圆的轨迹仿真,其数控仿真加工结果如图1.3.22所示。

图1.3.21 小闷盖右端直径47mm外圆的轨迹仿真

图1.3.22 数控仿真加工结果1

图 1.3.23 所示为小闷盖左端外轮廓和端面轨迹仿真，其数控仿真加工结果如图 1.3.24 所示。

图 1.3.23　小闷盖左端外轮廓和端面轨迹仿真　　图 1.3.24　数控仿真加工结果 2

图 1.3.25 所示为小闷盖左端直径 30mm 的内轮廓开粗轨迹仿真，其数控仿真加工结果如图 1.3.26 所示。

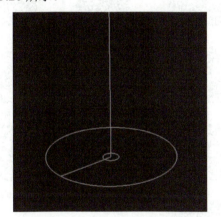
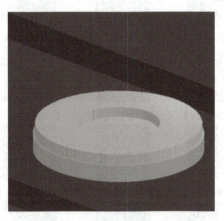

图 1.3.25　小闷盖左端直径 30mm 的内轮廓开粗轨迹仿真　　图 1.3.26　数控仿真加工结果 3

图 1.3.27 所示为小闷盖左端直径 30mm 的内轮廓清根轨迹仿真，其数控仿真加工结果如图 1.3.28 所示。

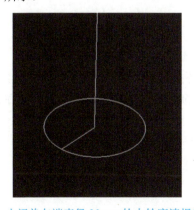

图 1.3.27　小闷盖左端直径 30mm 的内轮廓清根轨迹仿真　　图 1.3.28　数控仿真加工结果 4

6. 零件检测

零件加工完成后，及时进行尺寸测量与检验，检验与评分标准如表 1.3.11 所示。

表 1.3.11 检验与评分标准

项目	检验要点	配分	评分标准及扣分	得分
主要项目	尺寸 ϕ54mm	25 分	误差每大于 0.02mm 扣 3 分，误差大于 0.1mm 该项得分为 0	
	尺寸 ϕ47mm	25 分	误差每大于 0.05mm 扣 2 分，误差大于 0.2mm 该项得分为 0	
	内槽深度为 3mm，圆弧槽 R2mm	25 分	误差每大于 0.05mm 扣 2 分，误差大于 0.2mm 该项得分为 0	
	台阶高度为 3mm	25 分	每处 5 分	
用时	规定时间之内（60 分钟）		超时扣分，每超 5 分钟扣 2 分	
总分（100 分）				

【二维码 22】 【二维码 23】 【二维码 24】 【二维码 25】 【二维码 26】 【二维码 27】
【二维码 28】 【二维码 29】 【二维码 30】 【二维码 31】 【二维码 32】 【二维码 33】
【二维码 34】 【二维码 35】 【二维码 36】 【二维码 37】 【二维码 38】 【二维码 39】
【二维码 40】 【二维码 41】 【二维码 42】 【二维码 43】

任务小结

本任务详细介绍了数控铣床 T、G02、G03、G54～G59、G40～G42、G43、G44、G49 指令和孔加工固定循环指令，请各位读者仔细比较数控铣床与数控车床编程指令的不同点，对照记忆，掌握数控铣床的编程方法。

思考与练习

一、选择题

1．回零操作就是使运动部件回到（　　）。
A．机床坐标系原点　B．机床的机械零点　C．工件坐标系原点　D．换刀点
2．在铣削工件时，若铣刀的旋转方向与工件的进给方向相反，则称为（　　）。

A．顺铣 B．逆铣 C．横铣 D．纵铣

3．在圆弧插补指令 G03 X30 Y30 R50 中，"X"与"Y"后的值表示圆弧的（　　）。

A．起点坐标值 B．终点坐标值
C．圆心坐标相对于起点的值 D．圆心坐标值

4．数控铣床的默认加工平面是（　　）。

A．XY 平面 B．XZ 平面 C．YZ 平面 D．上表面

5．G00 指令与（　　）指令不是同一组的。

A．G01 B．G02，G03 C．G04 D．G05

6．G02 X20 Y20 R-10 F100 所加工的一般是（　　）。

A．整圆 B．夹角≤180°的圆弧
C．180°<夹角<360°的圆 D．椭圆

7．（　　）是非模态指令。

A．G00 B．G01 C．G04 D．G18

8．用于动作方式准备的指令是（　　）。

A．F 指令 B．G 指令 C．T 指令 D．S 指令

9．用于机床开关辅助的指令是（　　）。

A．F 指令 B．S 指令 C．M 指令 D．T 指令

10．用于机床刀具编号的指令是（　　）。

A．F 指令 B．T 指令 C．M 指令 D．S 指令

11．某直线控制数控机床加工的起始坐标为(0,0)，接着分别是(0,5)、(5,5)、(5,0)、(0,0)，则加工的零件形状是（　　）。

A．边长为 5mm 的平行四边形 B．边长为 5mm 的正方形
C．边长为 10mm 的正方形 D．半径为 5mm 的圆

12．当数控机床主轴以 800r/min 速度正转时，其指令应是（　　）。

A．M03 S800 B．M04 S800 C．M05 S800 D．M06 T500

13．G00 指令的移动速度是（　　）的。

A．机床参数指定 B．数控程序指定 C．操作面板指定 D．人工指定

14．当进行轮廓铣削时，应避免（　　）和（　　）工件轮廓。

A．切向切入 B．法向切入 C．法向退出 D．切向退出

15．M05 指令代表（　　）。

A．主轴顺时针旋转 B．主轴逆时针旋转 C．主轴停止 D．主轴点动

16．当程序终了时，以（　　）指令表示。

A．M00 B．M01 C．M02 D．M03

17．G17 G01 X50.0 Y50.0 F1000 表示（　　）。

A．直线切削，进给率为每分钟 1000 转 B．圆弧切削，进给率为每分钟 1000 转
C．直线切削，进给率为每分钟 1000mm D．圆弧切削，进给率为每分钟 1000mm

18．G90 G01 X_ Z_ F_ 中"X""Z"的值表示（　　）。

A．终点坐标值 B．增量值 C．向量值 D．机械坐标值

19．在 CNC 铣床加工程序中，（　　）为 G00 指令动作的描述。

A．刀具移动路径必为直线 B．进给速率以 F 值设定

C．刀具移动路径依其终点坐标而定　　　　D．进给速度会因终点坐标不同而改变

20．当圆弧切削用 I、J 表示圆心位置时，是以（　　）表示的。
A．增量值　　　　B．绝对值　　　　C．G80 或 G81　　　　D．G98 或 G99

21．数控铣床加工程序中调用子程序的指令是（　　）。
A．G98　　　　B．G99　　　　C．M98　　　　D．M99

22．G41 指令表示（　　）。
A．刀长负向补偿　　B．刀长正向补偿　　C．向右补偿　　D．向左补偿

23．（　　）是暂停指令。
A．G04　　　　B．G03　　　　C．G10　　　　D．G09

24．取消刀长补偿值，宜用（　　）指令。
A．G49　　　　B．G49 H01　　　　C．G43 H01　　　　D．G44 H01

25．当用数控铣床铣削凹模型腔时，粗精铣的余量可用改变铣刀直径设置值的方法来控制，当半精铣时，铣刀直径设置值应（　　）铣刀实际直径值。
A．小于　　　　B．等于　　　　C．大于　　　　D．不小于

26．执行下列程序后，镗孔深度是（　　）。
G90 G01 G44 Z-50 H02 F100；/H02 补偿值为 2.00mm/
A．48mm　　　　B．52mm　　　　C．50mm　　　　D．50.2mm

27．左刀具半径补偿方向的规定是（　　）。
A．沿刀具运动方向看，工件位于刀具左侧
B．沿工件运动方向看，工件位于刀具左侧
C．沿工件运动方向看，刀具位于工件左侧
D．沿刀具运动方向看，刀具位于工件左侧

28．数控铣床及加工中心的固定循环指令适用于（　　）。
A．曲面形状加工　　B．平面形状加工　　C．孔系加工　　D．凸台加工

29．当程序中指定了（　　）时，刀具半径补偿被撤销。
A．G40　　　　B．G41　　　　C．G42　　　　D．G44

30．用 $\phi12mm$ 的刀具进行轮廓的粗精加工，要求精加工余量为 0.4mm，则粗加工偏移量为（　　）mm。
A．12.4　　　　B．11.6　　　　C．6.4　　　　D．5.6

31．刀具半径补偿的建立只能通过（　　）指令来实现。
A．G01 或 G02　　B．G00 或 G03　　C．G02 或 G03　　D．G00 或 G01

32．在铣床固定循环指令返回动作中，用于返回 R 平面的指令是（　　）。
A．G98　　　　B．G99　　　　C．G28　　　　D．G30

33．对于细长孔的钻削，采用（　　）固定循环指令较好。
A．G81　　　　B．G83　　　　C．G73　　　　D．G76

二、判断题

1．（　　）在圆弧插补中，对于整圆，其起点和终点相重合，用半径编程无法定义，所以只能用圆心坐标编程。

2．（　　）G 指令可以分为模态 G 指令和非模态 G 指令。

3.（　）当圆弧插补用半径编程且圆弧所对应的圆心角大于 180°时，半径取负值。
4.（　）非模态指令只在本程序段内有效。
5.（　）顺时针圆弧插补（G02）和逆时针圆弧插补（G03）的判别方向：沿着不在圆弧平面内的坐标轴由正方向向负方向看去，顺时针方向为 G02，逆时针方向为 G03。
6.（　）增量值方式是指控制位置的坐标是以上一个控制点为原点的坐标值。
7.（　）同组模态 G 指令可以放在一个程序段中，而且与顺序无关。
8.（　）在机床接通电源后，通常都要进行回零操作，使刀具或工作台退离到机床参考点。
9.（　）G92 指令一般放在程序第一段，该指令不引起机床动作。
10.（　）铣削常用的进给率可以用 mm/min 表示。
11.（　）在 YZ 平面上执行圆弧切削的指令，可写成 G19 G03 Y_ Z_ J_ K_ F_。
12.（　）程序 G90 G00 X50.0 Y70.0 是增量值指令。
13.（　）执行 G00 指令的轴向速率是依据 F 值的。
14.（　）G01 指令的进给速率除可采用 F 值指定外，也可在操作面板上通过旋钮指定。
15.（　）G90 G01 X0 Y0 与 G91 G01 X0 Y0 的意义相同。
16.（　）刀具长度补偿指令为 G41。
17.（　）G73 指令可用于深孔加工。
18.（　）固定循环只能由 G80 指令撤销。
19.（　）指令 G43、G44、G49 为刀具半径左补偿、右补偿与消除。
20.（　）数控机床配备的固定循环功能主要用于孔加工。
21.（　）当判断刀具左右偏移指令时，必须对着刀具前进方向判断。

三、问答题

1. 在数控铣床上加工时，如何确定铣刀进给路径？
2. G90 X20.0 Y15.0 与 G91 X20.0 Y15.0 程序段有什么区别？
3. 什么是刀具半径补偿和长度补偿？其指令格式是怎样的？
4. 在数控加工中，一般固定循环由哪 6 个顺序动作构成？
5. 常用的钻孔固定循环指令有哪些？

四、编程题

1. 编程加工图 1.3.29 所示的零件，要求设计数控加工工艺方案，编制数控加工工艺卡、数控铣刀具调整卡、数控加工程序卡，进行仿真加工，优化走刀路径和程序。
2. 编程加工图 1.3.30 所示的零件，要求设计数控加工工艺方案，编制数控加工工艺卡、数控铣刀具调整卡、数控加工程序卡，进行仿真加工，优化走刀路径和程序。
3. 编程加工图 1.3.31 所示的外轮廓零件，深度为 5mm。要求设计数控加工工艺方案，编制数控加工工艺卡、数控铣刀具调整卡、数控加工程序卡，进行仿真加工，优化走刀路径和程序。
4. 编制图 1.3.32 所示的 S 形槽零件加工程序。要求设计数控加工工艺方案，编制数控加工工艺卡、数控铣刀具调整卡、数控加工程序卡，进行仿真加工，优化走刀路径和程序。

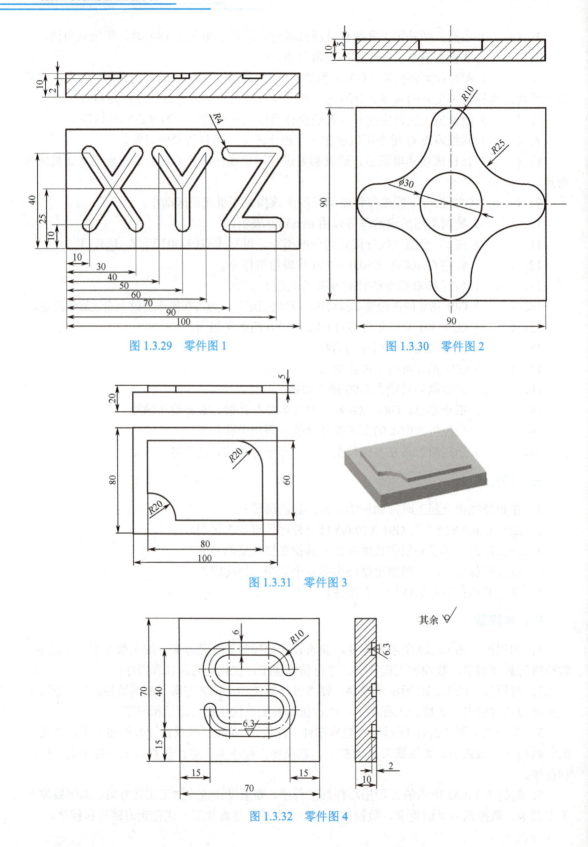

图 1.3.29 零件图 1

图 1.3.30 零件图 2

图 1.3.31 零件图 3

图 1.3.32 零件图 4

情境 2
产品创新与数控加工

在工程实际中，数控加工厂家可能会收到客户关于某个产品的创新设计需求，这就要求数控加工厂家对原产品进行创新设计，并加工出符合客户需求的产品。在这种情况下，客户的需求通常是尽可能满足外观、功能等创新要求。

本情境以收到客户创新产品设计需求为案例，按照需求分解、数控加工工艺分析、安排生产、客户试用的模式详细介绍数控加工厂家在收到创新产品设计需求的情况下进行优化设计及数控加工的过程与方法，同时穿插了全国职业院校技能大赛"工业设计技术"赛项等相关案例。

【产品创新】

武汉摩信智能装备有限公司（以下简称"摩信公司"）是一家专业研发和生产全自动高速绕包机的高科技企业，其主要产品包括高速绕包机、三维材料切条机、电气仪表及自动化控制系统，同时为客户提供专业定制开发业务。

摩信公司目前主打的产品是 DS-350 系列全自动卧式高速绕包机（以下简称"绕包机"），如图 2.0.1 所示，其主要应用于铜线或线缆表面中心绕包，适用于电厂、机场、船舶、高层建筑、地铁、地下街和娱乐场所等地方。

图 2.0.1　DS-350 系列全自动卧式高速绕包机

该产品被投入市场后，客户反映绕包机穿线轴的一种重要部件——线模轴套存在以下两个问题。

（1）当更换不同线径的导线时，需要配套更换相应的线模轴套，线模轴套模型如图 2.0.2 所示。然而，更换线模轴套的操作比较烦琐，需要将整根导线从穿线轴中抽出后才能进行更换。

（2）当线模轴套磨损需要更换时，还需要将导线整体抽出后才能进行更换，操作不便。

图 2.0.2　线模轴套模型

基于以上市场反馈，摩信公司提出对线模轴套的改良意向。

【客户需求】

摩信公司要求市场针对线模轴套的两点反馈意见进行改良设计。具体要求：在不拆除导线的情况下就能够进行线模轴套的更换，同时满足线模轴套与穿线轴的同轴度要求。

【任务分解】

根据客户需求，摩信公司接到的任务是对线模轴套进行创新性改良设计，以在不拆除导线的情况下能够进行更换，且安装后满足穿线轴的同轴度要求。基于此，摩信公司组织技术人员对关键部件进行了分析。

1．绕包机

摩信公司提供了该款绕包机的所有三维模型资料，要求技术人员进行梳理，并到生产车间现场实际了解线模轴套在整个绕包机中的作用及与其他部件（特别是穿线轴）之间的装配关系。图 2.0.3 所示为绕包机整体三维模型。

图 2.0.3　绕包机整体三维模型

2．线模轴套

线模轴套的作用是在导线移动过程进行导向，使线芯始终处于中心位置，防止过度晃动。图 2.0.4 所示为整体式线模轴套三维造型。为了满足装拆方便且装配精度不下降的要求，摩信公司拟将原线模轴套一分为二，并在拆分面处设置卡槽，以便进行定位，同时保证同轴度。线模轴套凹模和凸模的三维造型如图 2.0.5 所示。

图 2.0.4　整体式线模轴套三维造型

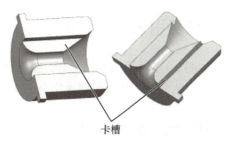

卡槽

图 2.0.5　线模轴套凹模和凸模的三维造型

3. 线模轴套合格标准

（1）材料。

POM（赛钢），坚韧且富有弹性。

（2）加工质量。

方便更换，装配后满足与穿线轴之间的同轴度要求。

（3）试运转。

绕包机在高速工作过程中，凹模与凸模闭合紧密，不松动。

任务 2.1　高速绕包机线模轴套的创新设计与数控加工

素质目标

1. 具备勇于创新的工匠精神。
2. 具有客户至上的职业操守。
3. 具有迎难而上的勇气。

知识目标

1. 了解数控加工厂家在收到客户的创新产品设计需求后，进行创新设计、产品三维建模、客户确认、产品数控加工安排、成品检测、交付客户的整个运作过程。
2. 掌握根据零件特点设计加工工装的方法。

能力目标

掌握中望 3D 车床零件、铣床零件的刀具路径规划、自动生成 NC（数控）程序等相关知识，会根据客户需求合理确定数控加工工艺，完成零件的加工。

实施过程

本任务的实施过程包括线模轴套车削及铣削刀具路径规划、NC 程序生成、线模轴套仿真加工与检测三个部分。

一、任务引入

加工如图 2.1.1 所示的线模轴套，线模轴套改良设计方案的三维模型已经过客户确认。通过数控加工工艺分析，摩信公司决定分三个步骤完成该零件的 CAM（计算机辅助制造）自动编程。

（1）利用中望 3D 二轴车削功能，进行线模轴套整体外圆及内孔的刀具路径规划、NC 程序生成和实体仿真。

（2）为提高机床效率，设计专门的垫块，如图 2.1.2 所示，一次装夹即可完成一套（包括凹模和凸模）线模轴套零件的加工。

图 2.1.1　线模轴套

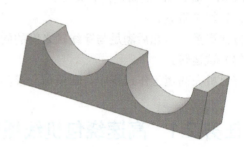
图 2.1.2　垫块

（3）利用中望 3D 三轴铣削功能，进行凹模和凸模一体加工模型（见图 2.1.3）的刀具路径规划、NC 程序生成和实体仿真，最后将验证好的程序导入数控机床进行实际加工。

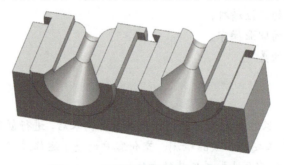
图 2.1.3　凹模和凸模一体加工模型

1. 零件分析

根据客户需求，摩信公司选用 POM（赛钢）材料来制造线模轴套，并采用尺寸为 $\phi72mm \times 120mm$ 的棒料毛坯进行数控加工，其中一根棒料毛坯可加工一套线模轴套（包含凹模和凸模）。同时，摩信公司选择在数控车床上加工外圆及内孔，在数控铣床上加工卡槽。

2. 制定数控加工工艺

数控加工工艺卡如表 2.1.1 所示。

表 2.1.1 数控加工工艺卡（线模轴套）

线 模 轴 套			数控加工工艺卡			产品名称或代号	绕包机	共 1 页
						零（部）件名称	线模轴套	第（1）页
材料	POM	毛坯种类	棒料	毛坯尺寸	ϕ72mm×120mm	每毛坯可制作数	1	程序名	%211116 %21111710 %21111112	备注
序号	工序名称	工序内容及切削用量				设备	夹具	刀具	量具	
1	平右端面	以毛坯外圆和左端面为装夹基准，夹紧工件，平右端面 n=700r/min，v_f=0.2mm/r				数控车床	三爪卡盘	93°外圆车刀 T0101	游标卡尺	
2	粗车外轮廓	以毛坯外圆和左端面为装夹基准，夹紧工件，精车外圆 n=700r/min，v_f=0.2mm/r，a_p=2mm				数控车床	三爪卡盘	93°外圆车刀 T0101	游标卡尺	
3	精车外轮廓	以毛坯外圆和左端面为装夹基准，夹紧工件，精车外圆 n=1000r/min，v_f=0.1mm/r				数控车床	三爪卡盘	93°外圆车刀 T0101	游标卡尺	
4	右侧钻孔	以毛坯外圆和左端面为装夹基准，夹紧工件，从毛坯右端面开始钻ϕ10mm 通孔 n=1000r/min，v_f=100mm/min				数控车床	三爪卡盘	ϕ10mm 麻花钻	游标卡尺	根据机床功能选择自动或手动方式
5	粗车内圆锥	以毛坯外圆和左端面为装夹基准，夹紧工件，粗车带锥度内孔 n=700r/min，v_f=0.15mm/r，a_p=1mm				数控车床	三爪卡盘	93°内孔车刀 T0202	游标卡尺	
6	精车内圆锥	以毛坯外圆和左端面为装夹基准，夹紧工件，精车带锥度内孔 n=1000r/min，v_f=0.1mm/r				数控车床	三爪卡盘	93°内孔车刀 T0202	游标卡尺	
7	切断	以毛坯外圆和左端面为装夹基准，夹紧工件，保证零件总长 56mm 切断工件 n=500r/min，v_f=0.2mm/r				数控车床	三爪卡盘	3mm 外圆切槽刀 T0303	游标卡尺	手动
8	平左端面	掉头，以ϕ59.8mm 外圆和ϕ70mm 台阶端面为装夹基准，夹紧工件，平左端面并保证零件总长 55mm n=700r/min，v_f=0.2mm/r				数控车床	三爪卡盘	93°外圆车刀 T0101	游标卡尺	
9	车左侧倒角	以ϕ59.8mm 外圆和ϕ70mm 台阶端面为装夹基准，夹紧工件，车左侧倒角 n=700r/min，v_f=0.2mm/r				数控车床	三爪卡盘	93°外圆车刀 T0101	游标卡尺	
10	粗车内圆弧	以ϕ59.8mm 外圆和ϕ70mm 台阶端面为装夹基准，夹紧工件，粗车带圆弧内孔 n=700r/min，v_f=0.15mm/r，a_p=1mm				数控车床	三爪卡盘	93°内孔车刀 T0202	游标卡尺	
11	精车内圆弧	以ϕ59.8mm 外圆和ϕ70mm 台阶端面为装夹基准，夹紧工件，精车带圆弧内孔 n=700r/min，v_f=0.1mm/r				数控车床	三爪卡盘	93°内孔车刀 T0202	游标卡尺	
12	正面开粗	以零件前后端面为基准，夹紧工件，粗铣平面和台阶面 n=6000r/min，v_f=3000mm/min，a_p=2mm				数控铣床	平口钳	D8 立铣刀 T0101	游标卡尺	
13	正面铣平面	以零件前后端面为基准，夹紧工件，精铣平面和台阶面 n=8000r/min，v_f=2000mm/min				数控铣床	平口钳	D8 立铣刀 T0101	游标卡尺	
14	去毛刺	去锐角处毛刺					台虎钳		毛刺笔	
修改标记		签字		日期		制定（日期）		审核（日期）		

二、相关知识

当开始新的三轴快速铣削编程时，首先需要评估制造模型，以便对如何简化复杂模型有大致的了解；然后是定义合适的粗加工、残料粗加工、半精加工、精加工工序，生成合适的刀具路径，并验证刀轨，以避免工件损坏和确保高质量加工；最后是指定合适的后处理器将刀轨转换为用于制造的 NC 程序。

三、任务实施

本任务的实施步骤为车削加工环境设置、车削刀具路径规划、车削中望 3D 验证、生成车削 NC 程序、铣削加工环境设置、铣削刀具路径规划、铣削中望 3D 验证、生成铣削 NC 程序。

1．车削加工环境设置

对应已造型好零件，首先在中望 3D 中将其打开，然后切换到"加工方案"中进行后续的步骤。

【二维码 44】

1）打开文件

打开中望 3D，打开"线模轴套"文件，如图 2.1.4 所示，"线模轴套"文件内容如图 2.1.5 所示。

图 2.1.4　打开"线模轴套"文件

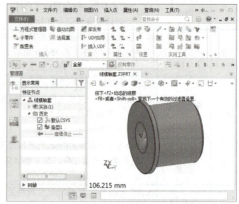

图 2.1.5　"线模轴套"文件内容

注意：将文件类型设置为"All Files"，就可以显示所有工作目录下的文件。

2）进入加工模式

打开"线模轴套"文件后，中望 3D 首先进入建模模式，此时可在快捷工具栏中选择"加工方案"，然后在弹出的对话框中选择"Turn Template"，也就是选择车床，选择车床后的"加工方案"界面如图 2.1.6 所示。

"加工方案"界面中包含计划管理、视图管理等多个区域。车削刀具路径规划按照"计划管理"中的步骤从上到下依次进行设置，主要包括平右端面、外圆粗车、外圆精车、钻孔、圆锥孔粗车、圆锥孔精车 6 道工序。

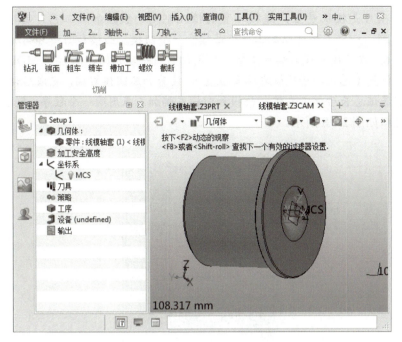

图 2.1.6 选择车床后的"加工方案"界面

3)定义毛坯

单击"加工系统"工具栏中的"添加坯料"按钮,弹出"添加坯料"对话框,选择"圆柱"毛坯,将"轴"设置为(0,1,0)(此处可以首先在"轴"右侧下拉菜单中选择"面法向",然后选择右侧端面和中心点就可以完成右端工件坐标系定义);将坯料"半径"设置为36mm,比模型半径大 1mm;将"长度"设置为57mm,其中"左面"余量为1mm,"右面"余量也为1mm,如图 2.1.7 所示。

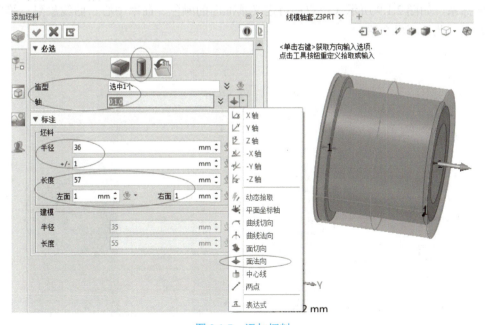

图 2.1.7 添加坯料

注意：本项目是按批量生产线模轴套的情况制定的数控加工工艺。毛坯按照 $\phi72\text{mm}\times120\text{mm}$ 进行下料，一件毛坯可以加工一个凸模和一个凹模。凸模和凹模右端加工采用同一个程序：%211116。在完成凸模右端加工后，先用切断刀手动切断，然后在 MDI 模式下将刀具移动到"Z0"位置（毛坯切断后最右端面位置），接着加工凹模右端，完成后切断，最后将凸模、凹模分别保证总长后加工左端。凸模和凹模左端加工采用同一个程序：%21111710。

生成的坯料如图 2.1.8 所示。

图 2.1.8　生成的坯料

注意：可以通过 Ctrl 键+方向键来检查生成的坯料是否正确。

4）定义坐标系

单击"加工系统"工具栏中的"坐标"按钮，弹出"坐标"对话框，依次定义坐标的名称、安全高度、自动防碰、颜色后，单击"创建基准面"按钮，弹出"基准面"对话框。在该对话框中先选择"3 点平面"，然后依次选择"原点""X 点""Y 点"的位置即可定义好"右侧"坐标系，如图 2.1.9 所示（用户还可定义基准面的颜色、曲率中心、曲线象限点等属性，限于篇幅，此处不再介绍）。

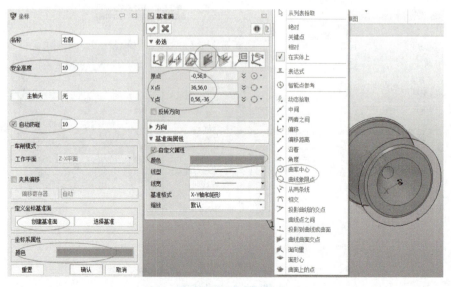

图 2.1.9　定义"右侧"坐标系

同理，定义"左侧"坐标系，如图 2.1.10 所示。

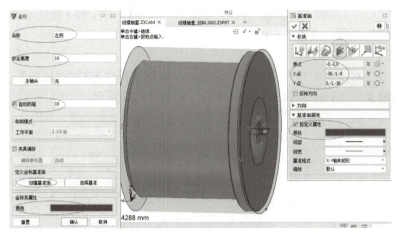

图 2.1.10 定义"左侧"坐标系

注意：数控车床分前置刀架和后置刀架两种，要根据实际机床来定义坐标系。这里是按照前置刀架来定义的。

2. 车削刀具路径规划

根据表 2.1.1 数控加工工艺卡可知，线模轴套需要先经过车床加工，再经过铣床加工才能完成。其中，车床上需要进行掉头加工，即先加工右侧，然后切断保证零件总长，最后掉头加工左侧。数控加工工艺卡中的第 1~6 道工序为右侧车削工序，第 8~11 道工序为左侧车削工序，此处仅规划这 10 道车削工序。

1）平右端面：端面 1

采用三爪卡盘装夹，右端面距离卡盘外端面 65mm。本道工序是对线模轴套右端面进行平整。

（1）定义工序：端面 1。

双击"计划管理"下的"工序"选项，弹出"工序类型"对话框，单击"车削"选项卡，选择"端面"即可插入"端面 1"开粗工序，如图 2.1.11 所示。

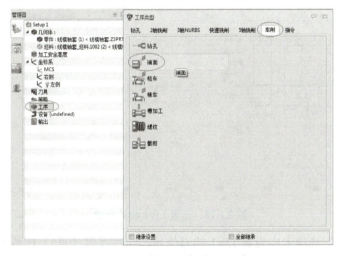

图 2.1.11 插入"端面 1"工序

【选择坐标】

双击刚刚定义的"端面 1"选项,弹出"端面 1"对话框,从上到下依次选择坐标、特征等。
单击"坐标"选项,选择"右侧"坐标系。

【选择特征】

在"端面 1"对话框中单击"特征"选项,在右侧选择"零件""坯料",单击"确定"按钮,将线模轴套和坯料添加到加工特征序列,如图 2.1.12 所示。

图 2.1.12　将线模轴套和坯料添加到加工特征序列

注意:选择什么作为特征要看本道工序中需要加工的部位,如本道工序是开粗工序,那就需要按零件轮廓在毛坯上进行加工,因此"零件"和"坯料"两个特征都要选择。

【刀具与速度进给】

单击"刀具与速度进给"选项,单击"刀具"按钮,弹出"刀具"对话框。本道工序所用刀具为 LW1(外轮菱形右车刀),在"造型"选项卡中设置 LW1 相关参数,如图 2.1.13 所示。

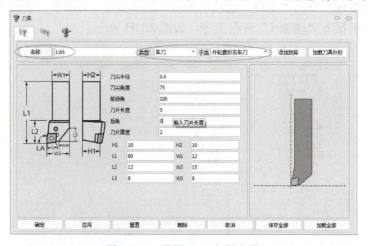

图 2.1.13　设置 LW1 相关参数

在"更多参数"选项卡中设置 LW1 的刀位号、D 寄存器(号)、H 寄存器(号)均为 1,也就是第 1 把刀具,如图 2.1.14 所示。

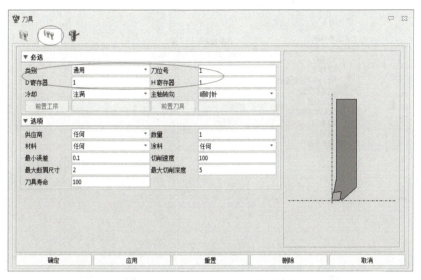

图 2.1.14　LW1 的更多参数设置

注意：为不引起编程、对刀时刀位号及 D 寄存器（号）、H 寄存器（号）发生混乱，通常将刀位号、D 寄存器（号）、H 寄存器（号）设置为一致。因为车刀是没有长度补偿的，所以 H 指令在车削编程中没有被使用。

完成刀具"造型"和"更多参数"的设置后，单击"确定"按钮，随后按照表 2.1.1 数控加工工艺卡设置第 1 道工序的刀具与速度进给，如图 2.1.15 所示。

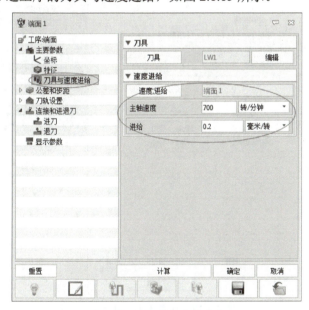

图 2.1.15　刀具与速度进给

【公差和步距】

单击"公差和步距"选项，采用默认设置，如图 2.1.16 所示。

注意：图 2.1.16 中"切削数""切削步距"要根据实际端面余量来设置。如本项目中端面余量只有 1mm，即只需要走 1 刀就可以加工到位，因此将"切削数"设置为 1mm，而"切削步距"是完成一次切削后返回的距离（Z 轴方向），这里将其设置为 0.5mm。

图 2.1.16 公差和步距采用默认设置

【刀轨设置】

设置入刀点相关参数，如图 2.1.17 所示。

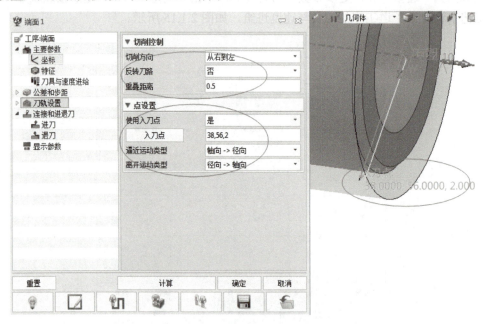

图 2.1.17 设置入刀点相关参数

注意：图 2.1.17 中的"入刀点"指的是刀具由快速进给转为切削进给的切入点。

（2）连接和进退刀。

单击"连接和进退刀"选项，进刀、退刀均采用默认设置，如图 2.1.18 所示。

注意：这里设置的是进刀、退刀延长线的长度和角度。

定义好所有参数后，单击"计算"按钮，得到如图 2.1.19 所示的"端面 1"平端面路径。

图 2.1.18　连接和进退刀采用默认设置

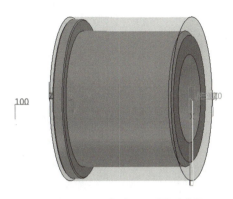

图 2.1.19　"端面 1"平端面路径

（3）实体仿真：端面 1。

右击"计划管理"下的"端面 1"选项，在弹出的快捷菜单中选择"实体仿真"选项，弹出"实体仿真进程"对话框，单击"播放"按钮，即可看到本道工序的实体仿真结果，如图 2.1.20 所示。

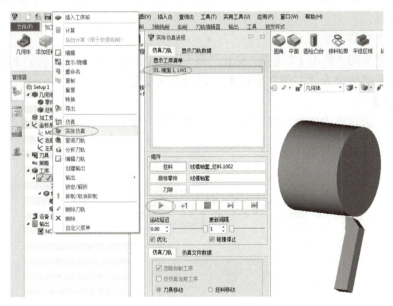

图 2.1.20　实体仿真结果

从实体仿真结果可以看出：右手刀的刀片在背面，这是没有关系的。只要输出的 NC 程序正确，实际加工时保证刀片在上面，就可以保证加工顺利进行。

2）粗车外轮廓：粗车 1

本道工序是对线模轴套外轮廓进行粗车。

（1）定义工序：粗车 1。

双击"计划管理"下的"工序"选项，弹出"工序类型"对话框，单击"车削"选项卡，选择"粗车"即可插入"粗车 1"外轮廓粗加工工序，如图 2.1.21 所示。

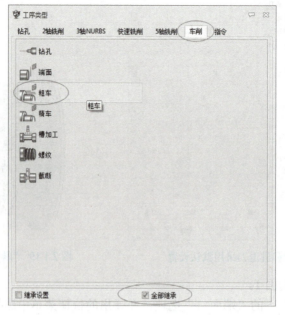

图 2.1.21　插入"粗车 1"工序

注意：由于在前面已经加入"端面 1"的工序，为了不重复设置一些参数，可以勾选"全部继承"复选框。

（2）继承"右侧"坐标系。

双击刚刚定义的"粗车 1"选项，弹出"粗车 1"对话框，由于已继承了上道工序的设置，所以工序坐标系已确定为"右侧"坐标系，无须再次设置。

【选择特征】

在"特征"选项框中依然选择"零件"和"坯料"作为加工特征，如图 2.1.22 所示。

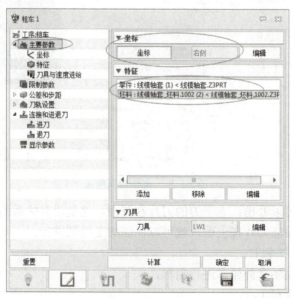

图 2.1.22　选择特征

【刀具与速度进给】

单击"刀具与速度进给"选项,本道工序继续使用 LW1 刀具,但需要按表 2.1.1 数控加工工艺卡中第 2 道工序的切削用量进行设置,如图 2.1.23 所示。

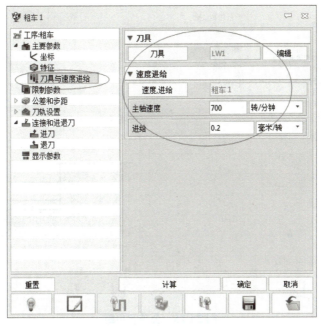

图 2.1.23　刀具与速度进给

注意:图 2.1.23 中"主轴速度"和"进给"设置的是粗车时的切削用量。

【限制参数】

单击"限制参数"选项,分别单击"右裁剪点"和"左裁剪点"按钮,将刀具路径最右和最左位置分别定义在零件的最右和毛坯最左端面上,如图 2.1.24 所示。

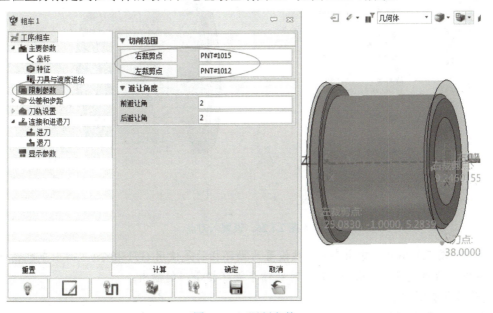

图 2.1.24　限制参数

【公差和步距】

单击"公差和步距"选项，采用默认设置，如图 2.1.25 所示。

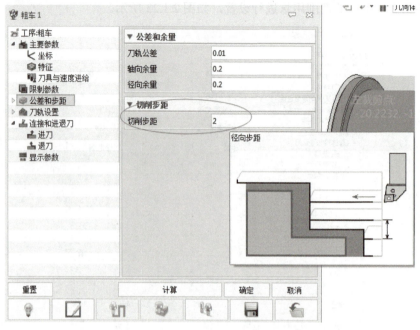

图 2.1.25　公差和步距

注意：图 2.1.25 中"切削步距"指的是粗车时每刀的切削深度。

【刀轨设置】

设置入刀点，如图 2.1.26 所示。

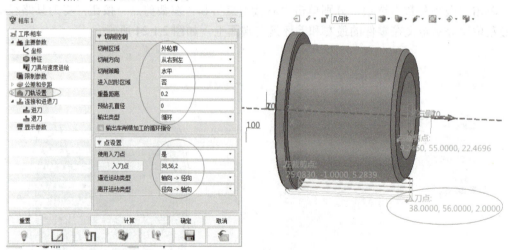

图 2.1.26　设置入刀点

注意：图 2.1.26 中"输出类型"被设置为循环指的是使用 G71 指令；"输出车削精加工的循环指令"指的是将来输出 NC 程序时粗精车循环指令一起输出。

【连接和进退刀】

单击"连接和进退刀"选项，采用默认设置，如图 2.1.27 所示。

设置好所有参数,单击"计算"按钮后,"粗车1"刀具路径显示出来,如图2.1.28所示。

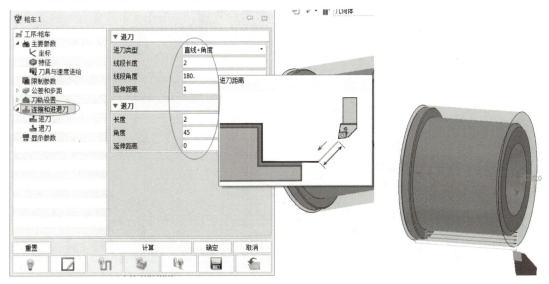

图2.1.27 连接和进退刀　　　　　　　　　图2.1.28 "粗车1"刀具路径

(3)实体仿真:粗车1。

在"计划管理"→"粗车1"工序上右击,在弹出的快捷菜单中选择"实体仿真"选项,弹出"实体仿真进程"对话框,单击"播放"按钮,得到如图2.1.29所示的实体仿真结果。

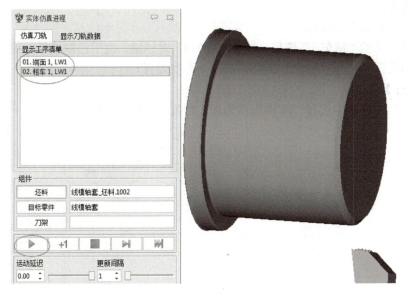

图2.1.29 实体仿真结果

3)精车外轮廓:精车1

本道工序是对线模轴套外轮廓进行精车。

(1)定义工序:精车1。

双击"计划管理"下的"工序"选项,弹出"工序类型"对话框,单击"车削"选项卡,选择"精车"即可插入"精车1"外轮廓精加工工序,如图2.1.30所示。

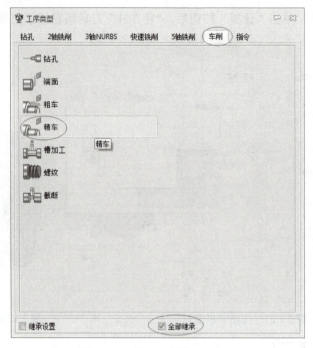

图 2.1.30　插入"精车 1"工序

注意：由于在前面已经插入"粗车 1"的工序，为了不重复设置一些参数，可以勾选"全部继承"复选框。

（2）继承"右侧"坐标系。

双击刚刚定义的"精车 1"选项，弹出"精车 1"对话框，由于已继承了上道工序的设置，所以工序坐标系已确定为"右侧"坐标系，无须再次设置。

【选择特征】

在"特征"选项框中选择"零件"作为加工特征，如图 2.1.31 所示。

图 2.1.31　选择特征

【刀具与速度进给】

单击"刀具与速度进给"选项，本道工序继续使用 LW1 刀具，但需要按表 2.1.1 数控加工工艺卡中第 3 道工序的切削用量进行设置，如图 2.1.32 所示。

图 2.1.32　刀具与速度进给

注意：图 2.1.32 中"主轴速度"和"进给"设置的是精车时的切削用量。

【公差和步距】

单击"公差和步距"选项，采用默认设置，如图 2.1.33 所示。

图 2.1.33　公差和步距

注意：图 2.1.33 中"切削步距"指的是精车时每刀的切削深度。

【刀轨设置】

设置入刀点，如图 2.1.34 所示。

图 2.1.34 设置入刀点

设置好所有参数,单击"计算"按钮后,"精车1"刀具路径显示出来,如图 2.1.35 所示。

(3)实体仿真:精车1。

在"计划管理"→"精车1"工序上右击,在弹出的快捷菜单中选择"实体仿真"选项,弹出"实体仿真进程"对话框,单击"播放"按钮,得到如图 2.1.36 所示的实体仿真结果。

图 2.1.35 "精车1"刀具路径

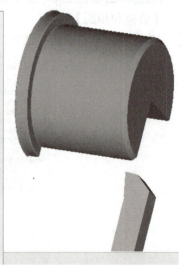

图 2.1.36 实体仿真结果

4)右侧钻孔:钻孔1

本道工序是对线模轴套 ϕ10mm 中心孔进行钻削。

(1)定义工序:钻孔1。

双击"计划管理"下的"工序"选项,弹出"工序类型"对话框,单击"车削"选项卡,选择"钻孔"即可插入"钻孔1"车削工序,如图 2.1.37 所示。

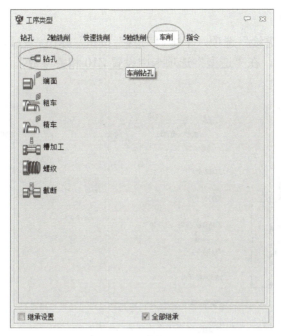

图 2.1.37 插入"钻孔 1"工序

注意：此处的"钻孔"工序是车削钻孔，也就是在数控车床上的钻孔操作。在工程实际中，有些数控车床是不具备自动钻孔功能的。针对这种机床，需要用户利用尾座手工钻孔。

（2）继承"右侧"坐标系。

双击刚刚定义的"钻孔 1"选项，弹出"钻孔 1"对话框，由于已继承了上道工序的设置，所以工序坐标系已确定为"右侧"坐标系，无须再次设置。

【选择特征】

在"特征"选项框中选择"零件"和"坯料"作为加工特征，如图 2.1.38 所示。

图 2.1.38 选择特征

【刀具与速度进给】

单击"刀具与速度进给"选项,单击"刀具"按钮,弹出"刀具"对话框。本道工序所用刀具为Z10(普通钻),在"造型"选项卡中设置Z10相关参数,如图2.1.39所示。

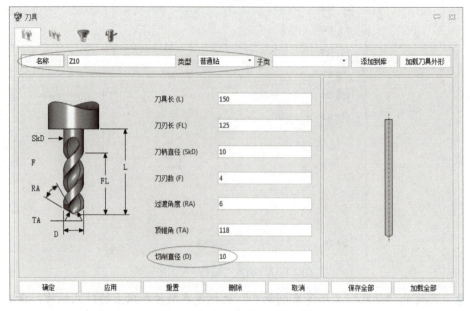

图2.1.39 设置Z10相关参数

在"更多参数"选项卡中设置Z10的刀位号、D寄存器(号)、H寄存器(号)均为5,也就是第5把刀具,如图2.1.40所示。

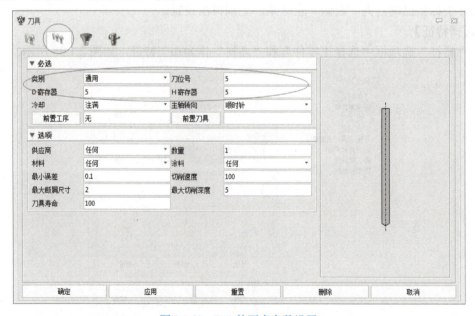

图2.1.40 Z10的更多参数设置

完成刀具"造型"和"更多参数"的设置后,单击"确定"按钮,随后按照表2.1.1数控加工工艺卡设置第4道工序的刀具与速度进给,如图2.1.41所示。

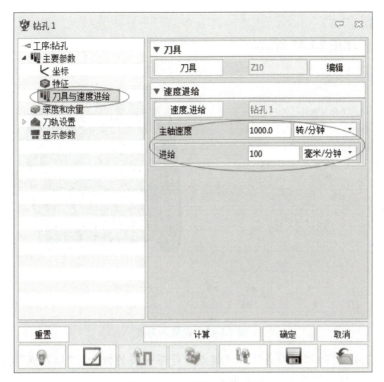

图 2.1.41 刀具与速度进给

(3) 深度和余量。

单击"深度和余量"选项,将"钻孔类型"设置为啄钻,"起点"定义在零件右端面上,"孔深"定义为 65mm,"钻孔参考深度"设置为刀尖,也就是以刀尖为基准定义深度位置,"啄钻设置"下的参数可以采用默认设置,如图 2.1.42 所示。

图 2.1.42 深度和余量

注意:刀具类型必须和钻孔类型相匹配,如本道工序中选择刀具为麻花钻,那么钻孔类型就可以选择啄钻、深孔等。但如果刀具类型是中心钻,那么钻孔类型就只能选择中心钻了。

【刀轨设置】

设置入刀点,如图 2.1.43 所示。

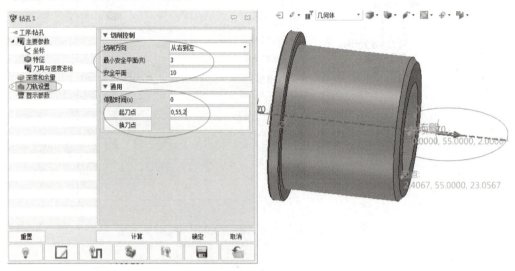

图 2.1.43　设置入刀点

注意:图 2.1.43 中的"起刀点"和"起点"是不一样的概念,"起刀点"是刀具开始切削的起点,"起点"是定义深度位置的基准点。

设置好所有参数,单击"计算"按钮后,"钻孔 1"刀具路径显示出来,如图 2.1.44 所示。

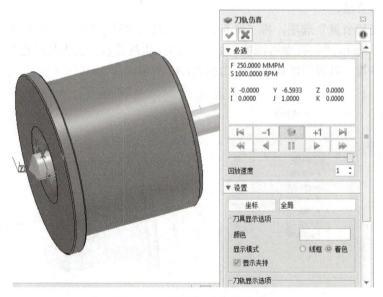

图 2.1.44　"钻孔 1"刀具路径

注意:钻孔刀具路径生成后一定要注意观察刀尖是否已经伸出,若未伸出,则是因为切削深度太小,此时可以增大切削深度。

(4)实体仿真:钻孔 1。

在"计划管理"→"钻孔 1"工序上右击,在弹出的快捷菜单中选择"实体仿真"选项,弹出"实体仿真进程"对话框,单击"播放"按钮,得到如图 2.1.45 所示的实体仿真结果。

图 2.1.45　实体仿真结果

注意：若实际数控车床未配备自动钻孔功能，则用户可以忽略本道工序，自行手工钻孔后进行后面的工序。

5）粗车内圆锥：粗车 2

本道工序是对线模轴套右侧内圆锥孔进行粗车。

（1）定义工序：粗车 2。

双击"计划管理"下的"粗车 1"选项，在弹出的快捷菜单中选择"重复"选项，如图 2.1.46 所示，此时工序下多了一个"粗车 2"。

图 2.1.46　重复"粗车 1"工序

【刀具与速度进给】

单击"刀具与速度进给"选项,单击"刀具"按钮,弹出"刀具"对话框。本道工序所用刀具为 LN1(内轮菱形右车刀),在"造型"选项卡中设置 LN1 相关参数,如图 2.1.47 所示。

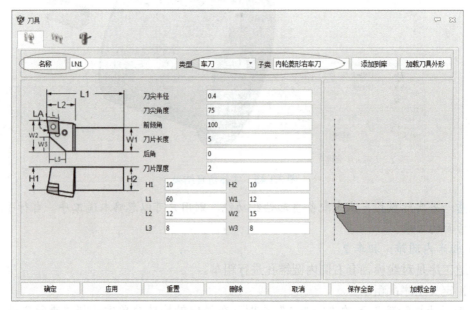

图 2.1.47　设置 LN1 相关参数

在"更多参数"选项卡中设置 LN1 的刀位号、D 寄存器(号)、H 寄存器(号)均为 2,也就是第 2 把刀具,如图 2.1.48 所示。

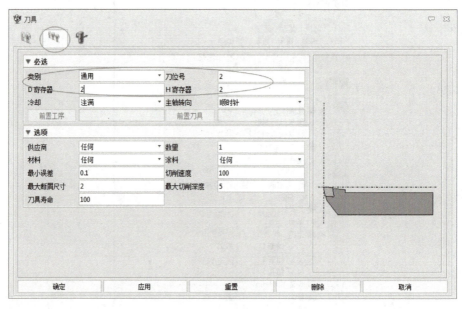

图 2.1.48　LN1 的更多参数设置

完成刀具"造型"和"更多参数"的设置后,单击"确定"按钮,随后按照表 2.1.1 数控加工工艺卡设置第 5 道工序的刀具与速度进给,如图 2.1.49 所示。

图 2.1.49　刀具与速度进给

【限制参数】

单击"限制参数"选项,单击"左裁剪点"按钮,将刀具路径最左位置定义在零件圆锥孔的最左端位置,如图 2.1.50 所示。

图 2.1.50　限制参数

【刀轨设置】

设置入刀点,如图 2.1.51 所示。

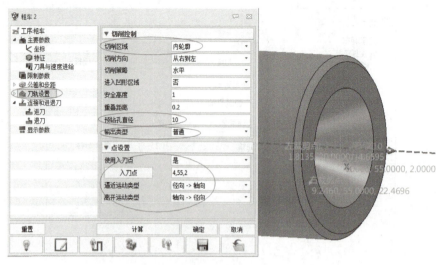

图 2.1.51　设置入刀点

注意：图 2.1.51 中"输出类型"被设置为普通指的是不使用 G71 指令。这样可以减少进退刀量的设置次数。

设置好所有参数，单击"计算"按钮后，"粗车 2"刀具路径显示出来，如图 2.1.52 所示。

注意：本道工序加工的内圆锥孔是盲孔，因此在实际加工时要选择盲孔刀具，并且注意刀具的最小加工半径是否满足加工到最内部位置的要求（最小切削直径小于 10mm）。

（2）实体仿真：粗车 2。

在"计划管理"→"粗车 2"工序上右击，在弹出的快捷菜单中选择"实体仿真"选项，弹出"实体仿真进程"对话框，单击"播放"按钮，得到如图 2.1.53 所示的实体仿真结果。

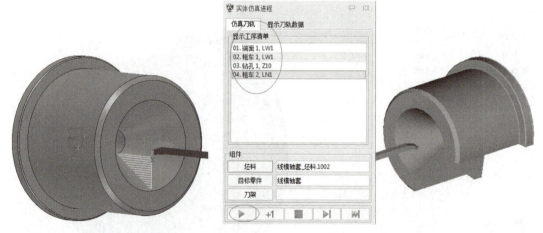

图 2.1.52　"粗车 2"刀具路径　　　　图 2.1.53　实体仿真结果

6）精车内圆锥：精车 2

本道工序是对线模轴套右侧内圆锥进行精车。

（1）定义工序：精车 2。

右击"计划管理"下的"精车 1"选项，在弹出的快捷菜单中选择"重复"选项，如图 2.1.54 所示，此时工序下多了一个"精车 2"。

（2）继承"右侧"坐标系。

双击刚刚定义的"精车 2"选项，弹出"精车 2"对话框，由于已继承了上道工序的设置，所以工序坐标系已确定为"右侧"坐标系，无须再次设置。

【选择特征】

在"特征"选项框中选择"零件"作为加工特征，如图 2.1.55 所示。

图 2.1.54　重复"精车 1"工序

图 2.1.55　选择特征

【刀具与速度进给】

单击"刀具与速度进给"选项，本道工序继续使用 LN1 刀具，但需要按表 2.1.1 数控加工工艺卡中第 6 道工序的切削用量进行设置，如图 2.1.56 所示。

图 2.1.56　刀具与速度进给

注意：图 2.1.56 中"主轴速度"和"进给"设置的是精车时的切削用量。

【限制参数】

单击"限制参数"选项，单击"左裁剪点"按钮，将刀具路径最左位置定义在零件圆锥孔的最左端位置，如图 2.1.57 所示。

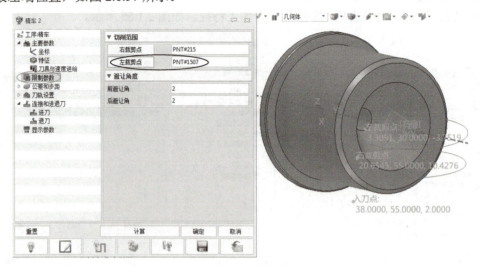

图 2.1.57　限制参数

【刀轨设置】

不使用入刀点，如图 2.1.58 所示。

设置好所有参数，单击"计算"按钮后，"精车 2"刀具路径显示出来，如图 2.1.59 所示。

图 2.1.58　不使用入刀点　　　　　　图 2.1.59　"精车 2"刀具路径

（3）实体仿真：精车 2。

在"计划管理"→"精车 2"工序上右击，在弹出的快捷菜单中选择"实体仿真"选项，弹出"实体仿真进程"对话框，单击"播放"按钮，得到如图 2.1.60 所示的实体仿真结果。

7）平左端面：端面 2

在完成右侧加工后掉头，采用三爪卡盘装夹，保证零件右端面距离卡盘外端面 65mm。本道工序是对线模轴套左端面进行平整。

（1）定义工序：端面 2。

右击"计划管理"下的"端面 1"选项，在弹出的快捷菜单中选择"重复"选项，如图 2.1.61 所示，此时工序下多了一个"端面 2"。

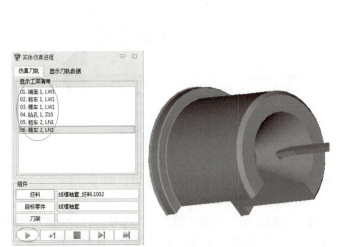

图 2.1.60　实体仿真结果　　　　图 2.1.61　重复"端面 1"工序

【选择坐标】

双击刚刚定义的"端面 2"选项，弹出"端面 2"对话框，从上到下依次选择坐标、特征等。

单击"坐标"选项，选择"左侧"坐标系。

【刀轨设置】

设置入刀点，如图 2.1.62 所示。

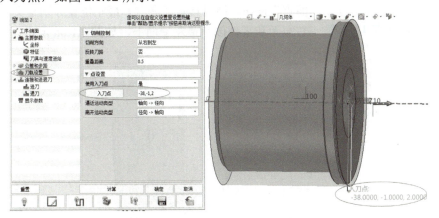

图 2.1.62　设置入刀点

设置好所有参数，单击"计算"按钮后，得到如图 2.1.63 所示的"端面 2"刀具路径。

(2) 实体仿真：端面 2。

右击"计划管理"下的"端面 2"选项，在弹出的快捷菜单中选择"实体仿真"选项，弹出"实体仿真进程"对话框，单击"播放"按钮，即可看到本道工序的实体仿真结果，如图 2.1.64 所示。

图 2.1.63 "端面 2"刀具路径

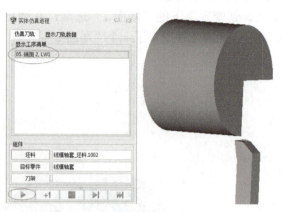

图 2.1.64 实体仿真结果

图 2.1.65 重复"粗车 1"工序

8）车左侧倒角：粗车 3

本道工序是对线模轴套左侧倒角进行加工。

(1) 定义工序：粗车 3。

右击"计划管理"下的"粗车 1"选项，在弹出的快捷菜单中选择"重复"选项，如图 2.1.65 所示，此时工序下多了一个"粗车 3"。

【选择坐标】

双击刚刚定义的"粗车 3"选项，弹出"粗车 3"对话框，从上到下依次选择坐标、特征等。

单击"坐标"选项，选择"左侧"坐标系。

【限制参数】

单击"限制参数"选项，分别单击"右裁剪点"和"左裁剪点"按钮，将刀具路径最右和最左位置分别定义在零件的最右端面和零件倒角最左端面上，如图 2.1.66 所示。

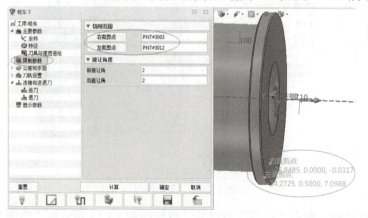

图 2.1.66 限制参数

【刀轨设置】

设置入刀点，如图 2.1.67 所示。

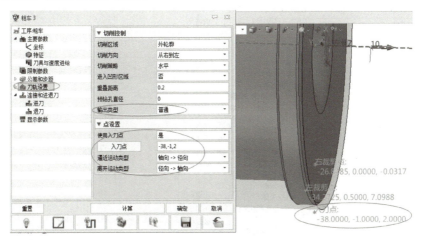

图 2.1.67　设置入刀点

注意：本道工序只是加工一个倒角，故"输出类型"设置为普通即可。

设置好所有参数，单击"计算"按钮后，"粗车 3"刀具路径显示出来，如图 2.1.68 所示。

（2）实体仿真：粗车 3。

在"计划管理"→"粗车 3"工序上右击，在弹出的快捷菜单中选择"实体仿真"选项，弹出"实体仿真进程"对话框，单击"播放"按钮，得到如图 2.1.69 所示的实体仿真结果。

图 2.1.68　"粗车 3"刀具路径

图 2.1.69　实体仿真结果

9）粗车内圆弧：粗车 4

本道工序是对线模轴套左侧内圆弧进行粗车。

（1）定义工序：粗车 4。

右击"计划管理"下的"粗车 2"选项，在弹出的快捷菜单中选择"重复"选项，此时工序下多了一个"粗车 4"，如图 2.1.70 所示。

【选择坐标】

双击刚刚定义的"粗车 4"选项，弹出"粗车 4"对话框，从上到下依次选择坐标、特征等。

单击"坐标"选项，选择"左侧"坐标系。

图 2.1.70　重复"粗车 2"工序

【限制参数】

单击"限制参数"选项，分别单击"右裁剪点"和"左裁剪点"按钮，将刀具路径最右和最左位置分别定义在零件左端面和圆弧孔的最右端处，如图 2.1.71 所示。

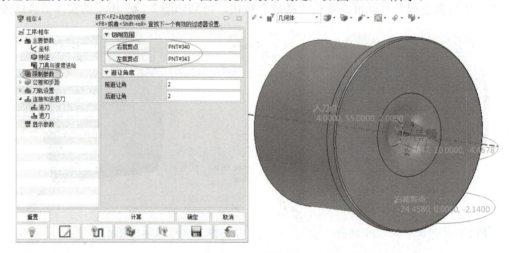

图 2.1.71　限制参数

【刀轨设置】

设置"切削区域"为内轮廓，"输出类型"为普通，不使用入刀点，如图 2.1.72 所示。

设置好所有参数，单击"计算"按钮后，"粗车 4"刀具路径显示出来，如图 2.1.73（a）所示。

（2）实体仿真：粗车 4。

在"计划管理"→"粗车 4"工序上右击，在弹出的快捷菜单中选择"实体仿真"选项，弹出"实体仿真进程"对话框，单击"播放"按钮，得到如图 2.1.73（b）所示的实体仿真结果。

图 2.1.72　刀轨设置

（a）刀具路径

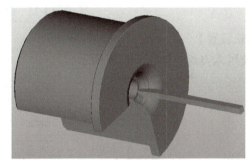

（b）实体仿真结果

图 2.1.73　"粗车 4"刀具路径和实体仿真结果

10）精车内圆弧：精车 3

本道工序是对线模轴套左侧内圆弧进行精车。

（1）定义工序：精车 3。

右击"计划管理"下的"精车 2"选项，在弹出的快捷菜单中选择"重复"选项，如图 2.1.74 所示，此时工序下多了一个"精车 3"。

双击刚刚定义的"精车 3"选项，弹出"精车 3"对话框，从上到下依次选择坐标、特征等。

单击"坐标"选项，选择"左侧"坐标系。

【限制参数】

单击"限制参数"选项，分别单击"右裁剪点"和"左裁剪点"按钮，将刀具路径最右和最左位置分别定义在零件的最右端和内圆弧最左端面上，如图 2.1.75 所示。

图 2.1.74　重复"精车 2"工序

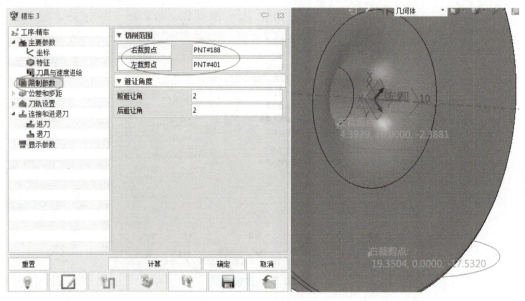

图 2.1.75　限制参数

【刀轨设置】

不使用入刀点，如图 2.1.76 所示。

图 2.1.76　不使用入刀点

设置好所有参数，单击"计算"按钮后，"精车 3"刀具路径显示出来，如图 2.1.77 所示。

（2）实体仿真：精车 3。

在"计划管理"→"精车 3"工序上右击，在弹出的快捷菜单中选择"实体仿真"选项，弹出"实体仿真进程"对话框，单击"播放"按钮，得到如图 2.1.78 所示的实体仿真结果。

图 2.1.77 "精车 3"刀具路径　　　　图 2.1.78 实体仿真结果

3. 车削中望 3D 验证

完成上述 10 道工序后,对所有工序一起进行验证。

右击"计划管理"下的"工序"选项,在弹出的快捷菜单中选择"实体仿真"选项,弹出"实体仿真进程"对话框,单击"播放"按钮,在中望 3D 中验证线模轴套的实体仿真结果,如图 2.1.79 所示。

图 2.1.79 线模轴套的中望 3D 验证

在数控车床上完成上述 10 道工序后,用户可以将零件拆下后转移到数控铣床上进行正面开粗、正面铣平面两道工序。

4. 生成车削 NC 程序

中望 3D 验证无误后,就可以导出上述第 1～10 道工序的 NC 程序了。由于线模轴套要经过左侧和右侧 2 次掉头装夹,因此需要生成两个程序,第 1～6 道工序为右侧程序(名为%211116),第 7～10 道工序为左侧程序(名为%21111710)。

首先定义加工设备:双击"计划管理"下的"设备"选项,弹出"设备管理器"对话框,将"设备名称"设置为华中数控车床,"类别"设置为 2 轴机械设备,"类型"设置为水平,"后置处理器配置"设置为 HNC_Turning,仅定义"ZX 平面弧线运动"为是,定义"XY 平面弧线运动"和"YZ 平面弧线运动"均为否,单击"确定"按钮,如图 2.1.80 所示。

图 2.1.80　定义加工设备

1）生成右侧程序%211113

右击"计划管理"下的"输出"选项,在弹出的快捷菜单中选择"CL/NC 设置"选项。在弹出的"输出程序"对话框中,将"零件 ID"定义为 211113、"程序名"为右侧,"刀轨坐标空间"为右侧,"文件夹名"与工作目录相同,如图 2.1.81 所示。

（1）插入 NC。

右击"计划管理"下的"输出"选项,在弹出的快捷菜单中选择"插入 NC"选项,此时"输出"下面多出一个"211113"选项。

（2）添加工序。

右击"计划管理"→"输出"→"211113"选项,在弹出的快捷菜单中选择"添加工序"选项。在弹出的"选择输出工序"对话框中选择第 1～3 道工序,单击"确认"按钮,如图 2.1.82 所示。

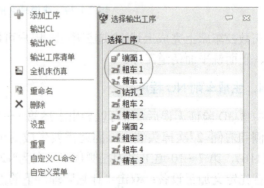

图 2.1.81　右侧程序%211113—CL/NC 设置　　　图 2.1.82　添加第 1～3 道工序

（3）输出右侧程序%211113。

右击"计划管理"→"输出"→"211113"选项,在弹出的快捷菜单中选择"输出 NC"

选项，得到自动生成的右侧程序%211113，如图 2.1.83 所示。

```
O1000
N1G95
N2 T0101
N3 S700 M03
N4 M08
N5 G00 X76.0 Z0
N6 Z-1.0
N7 G01 X72.0 F0.12
N8 X-1.0 F0.2
N9 X1.828 Z.414 F0.6
N10 X76.0 F0.2
N11 G00 Z0
N12 Z2.0
N13 X74.828
N14 G71 U2. R1.614
N15 G71 U.4 R1.614 P16 Q24 X.4 Z.2 F0.2
N16 G00 X55.566
N17 Z-1.117
N18 G01
N19 X59.8 Z-3.234
N20 Z-51.0
N21 X68.531
N22 X70.0 Z-51.734
N23 Z-57.0
N24 X71.22
N25 G00 X74.828 Z2.0
N26 X76.0
N27 Z0
N28 S1000
N29 Z-1.0
```

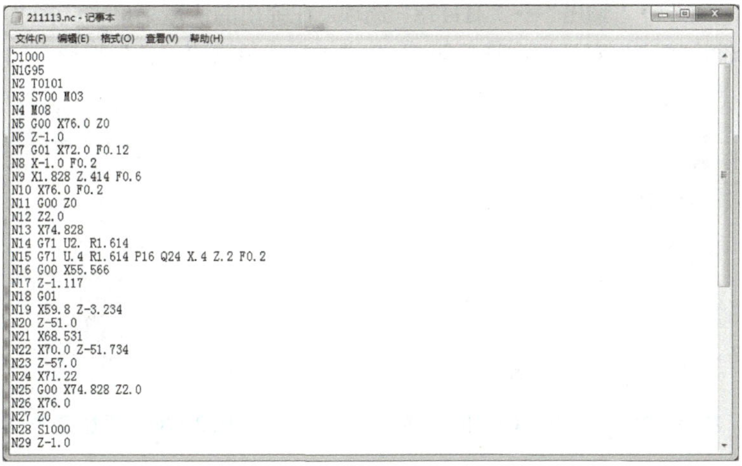

图 2.1.83　自动生成右侧程序%211113

注意：此处未生成第 4 道工序的 NC 程序，主要原因是大多数数控车床尾座是没有自动钻孔功能的，但中望 3D 具备车削钻孔路径规划和 NC 程序生成的功能，此处仅做介绍，不推荐使用。在工程实际中，用户可以手动钻孔，也可以选择先在钻床上钻孔，再到车床上执行其他工序的加工。

2）生成右侧程序%211156

同生成右侧程序%211113 的操作，自动生成右侧程序%211156，如图 2.1.84 所示。

```
O1000
N1G95
N2 T0202
N3 S700 M03
N4 M08
N5 G00 X8.0 Z-1.0
N6 X9.717 Z-.8
N7 G01 X11.482 F0.03
N8 X11.882 F0.09
N9 Z-23.823 F0.15
N10 X10.0 Z-25.454
N11 X9.717 Z-25.312 F0.45
N12 Z-.8 F0.15
N13 X11.2 F0.03
N14 X13.365
N15 X13.765 F0.09
N16 Z-22.193 F0.15
N17 X11.482 Z-24.17
N18 X11.2 Z-24.028 F0.45
N19 Z-.8 F0.15
N20 X13.082 F0.03
N21 X15.247
N22 X15.647 F0.09
N23 Z-20.563 F0.15
N24 X13.365 Z-22.54
N25 X13.082 Z-22.398 F0.45
N26 Z-.8 F0.15
N27 X14.964 F0.03
N28 X17.13
N29 X17.53 F0.09
```

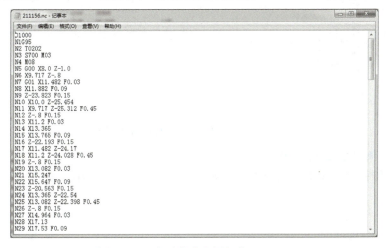

图 2.1.84　自动生成右侧程序%211156

3）生成左侧程序%211178

右击“计划管理”下的“输出”选项，在弹出的快捷菜单中选择“CL/NC 设置”选项。在弹出的“输出程序”对话框中将“零件 ID”定义为 211178、“程序名”为左侧，“刀轨坐标空间”为左侧，“文件夹名”与工作目录相同，如图 2.1.85 所示。

（1）插入 NC。

右击“计划管理”下的“输出”选项，在弹出的快捷菜单中选择“插入 NC”选项，此时“输出”下面多出一个“211178”选项。

(2) 添加工序。

右击"计划管理"→"输出"→"211178"选项,在弹出的快捷菜单中选择"添加工序"选项。在弹出的"选择输出工序"对话框中选择第7~8道工序,单击"确认"按钮,如图2.1.86所示。

图2.1.85　左侧程序%211178—CL/NC 设置　　　　图2.1.86　添加第7~8道工序

(3) 输出左侧程序%211178。

右击"计划管理"→"输出"→"211178"选项,在弹出的快捷菜单中选择"输出NC"选项,得到自动生成的左侧程序%211178,如图2.1.87所示。

图2.1.87　自动生成左侧程序%211178

4) 生成左侧程序%2111910

同生成左侧程序%211178的操作,自动生成左侧程序%2111910,如图2.1.88所示。

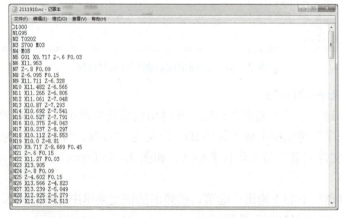

图2.1.88　自动生成左侧程序%2111910

5. 铣削加工环境设置

对于已造型好的零件，首先在中望 3D 中将其打开，然后切换到"加工方案"中进行后续的步骤。

1）打开文件

打开中望 3D，打开"凹模和凸模一体加工模型"文件，如图 2.1.89 所示。

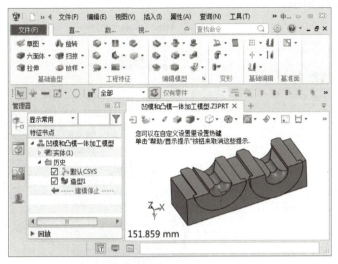

图 2.1.89　打开"凹模和凸模一体加工模型"文件

注意： 为了实现一次装夹能同时加工一个凹模和一个凸模，公司专门设计了一个垫块，将凹模、凸模和垫块一起在中望 3D 中完成装配并导出为一个零件。该零件被命名为"凹模和凸模一体加工模型"。

2）进入加工模式

打开"凹模和凸模一体加工模型"文件后，中望 3D 首先进入建模模式，此时可在快捷工具栏中选择"加工方案"，然后在弹出的对话框中选择"Mill Template"，也就是选择铣床，随即进入加工方案界面，如图 2.1.90 所示。

图 2.1.90　加工方案界面

刀具路径规划的过程就是按照"计划管理"中的步骤从上到下依次进行设置。

3）添加坯料

由于前面已将线模轴套外圆、内轮廓加工到位，因此，此处要在垫块上放置 2 个完整的线模轴套，也就是要添加 2 个圆柱坯料。

单击"加工系统"工具栏中的"添加坯料"按钮，弹出"添加坯料"对话框，先添加凹模坯料，如图 2.1.91 所示。

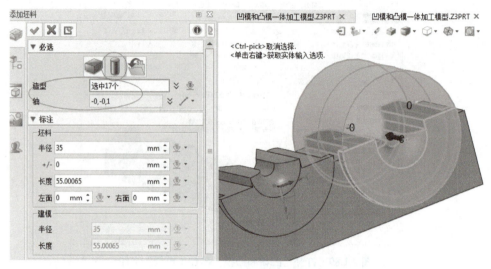

图 2.1.91　添加凹模坯料

注意：在添加坯料时，首先选择"圆柱"毛坯，然后将"造型"设置为凹模外圆柱面，"轴"设置为凹模中心线。

同理，再添加凸模坯料，如图 2.1.92 所示。

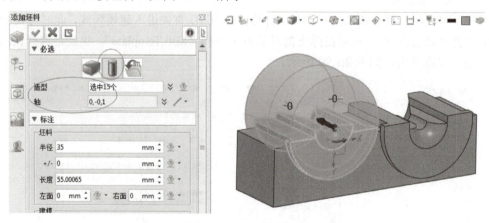

图 2.1.92　添加凸模坯料

注意：只有将凹模坯料隐藏后才能再次添加坯料，2 个坯料如图 2.1.93 所示。

为了方便对刀，还需要定义一个方块坯料。首先查询凸模坯料上母线距离垫块底面的距离。单击"查询"菜单中的"距离"按钮，弹出"距离"对话框，依次选择凸模坯料最上端的象限点和垫块底面任意一点，即可查询这两点间的距离，如图 2.1.94 所示，这两点在 Y 轴上的投影距离 85mm 就是坯料高度的最小值。

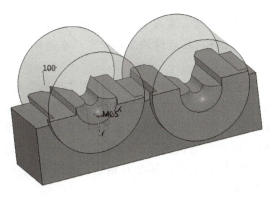

图 2.1.93 2 个坯料

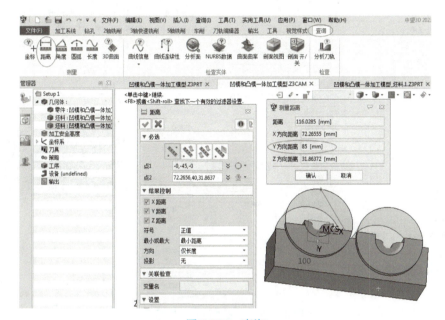

图 2.1.94 查询

然后单击"加工系统"工具栏中的"添加坯料"按钮,弹出"添加坯料"对话框,定义方块坯料,如图 2.1.95 所示。

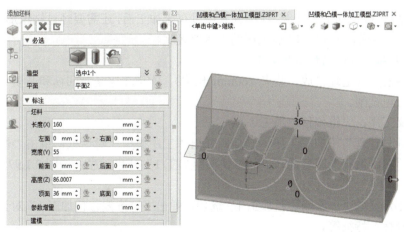

图 2.1.95 定义方块坯料

注意： 当定义方块坯料时，长度、宽度和高度方向一定要与 X 轴、Y 轴和 Z 轴方向一致。另外，中望 3D 可以定义多个坯料，在后续的工序中可以有选择性地使用。

4）定义坐标系

单击"加工系统"工具栏中的"坐标"按钮，弹出"坐标"对话框，依次定义坐标的名称、安全高度、自动防碰、颜色后，单击"创建基准面"按钮，弹出"基准面"对话框。在该对话框中先选择"3 点平面"，然后依次选择"原点""X 点""Y 点"的位置即可定义好"正面"坐标系，其中在选择"原点"的位置时，可先右键单击，在弹出的快捷菜单中选择"两者之间"选项，然后分别单击坯料上表面两个对角点，此时系统便会自动找到上表面的中心位置作为原点，如图 2.1.96 所示。

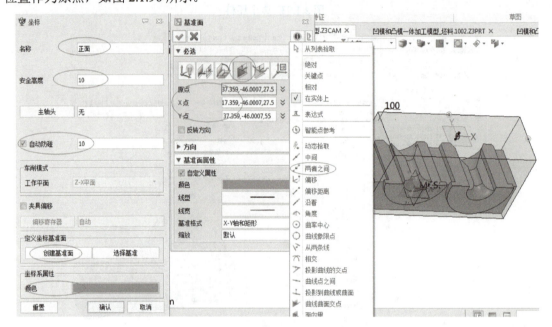

图 2.1.96 定义"正面"坐标系

注意： 定义方块坯料的作用就是在这里体现的，将来实际加工时也方便对刀。

6．铣削刀具路径规划

根据表 2.1.1 数控加工工艺卡，线模轴套经过车床加工后，还需要经过铣床加工才能完成，下面在中望 3D 中规划第 12～13 道工序的刀具路径。

1）正面开粗：二维偏移粗加工 1

毛坯前后装夹（毛坯平放，装夹 160mm 长边），本道工序是对凹模和凸模一体加工模型的上表面进行粗铣削。

（1）定义工序：二维偏移粗加工 1。

双击"计划管理"下的"工序"选项，弹出"工序类型"对话框，单击"快速铣削"选项卡，选择"二维偏移"即可插入"二维偏移粗加工 1"开粗工序，如图 2.1.97 所示。

【选择坐标】

双击刚刚定义的"二维偏移粗加工 1"选项，弹出"二维偏移粗加工 1"对话框，从上到下依次选择坐标、特征等。

单击"坐标"选项，选择"正面"坐标系，如图 2.1.98 所示。

情境 2　产品创新与数控加工

注意：可以在"加工坐标列表"中对已定义的坐标系进行"管理"，重新定义。也可以对已选择的坐标系进行"编辑"。

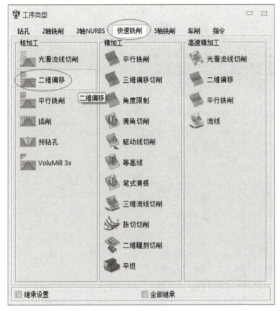

图 2.1.97　插入"二维偏移粗加工 1"工序

图 2.1.98　选择"正面"坐标系

【选择特征】

由于本道工序涉及凹模、凸模接触面和卡槽面，故在"特征"选项框中除需要用"零件""凹模坯料""凸模坯料"作为加工特征外，还需要添加接触面的外边界，以限制刀具的加工范围，即"轮廓"，如图 2.1.99 所示。

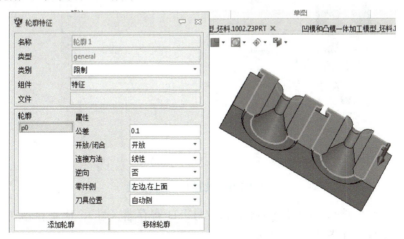

图 2.1.99　添加"轮廓"特征

单击"特征"选项，选择零件、凹模坯料、凸模坯料，单击"确定"按钮，将凹模和凸模一体加工模型、坯料添加到加工特征序列，如图 2.1.100 所示。

注意：这里不需要选择方块坯料，其主要用于建立"正面"坐标系。

【刀具与速度进给】

单击"刀具与速度进给"选项，单击"刀具"按钮，弹出"刀具"对话框。本道工序所用刀具为 D8（端铣刀），在"造型"选项卡中设置 D8 相关参数，如图 2.1.101 所示。

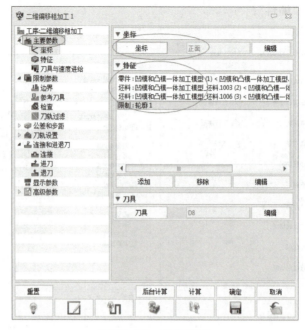

图 2.1.100　选择特征

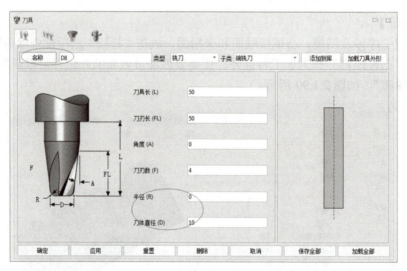

图 2.1.101　设置 D8 相关参数

在"更多参数"选项卡中设置 D8 的刀位号、D 寄存器（号）、H 寄存器（号）均为 1，也就是第 1 把刀具，如图 2.1.102 所示。

注意：这里的第 1 把刀具是铣床上所用的第 1 把刀具。

完成刀具"造型"和"更多参数"的设置后，单击"确定"按钮，随后按照表 2.1.1 数控加工工艺卡设置第 12 道工序的刀具与速度进给，如图 2.1.103 所示。

【限制参数】

单击"限制参数"选项，单击"底部"按钮，将加工"凹模和凸模一体加工模型"的最低位置进行限制，以防加工到夹具上，如图 2.1.104 所示。

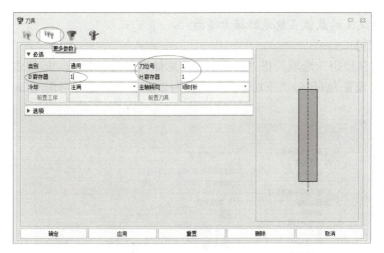

图 2.1.102　D8 的更多参数设置

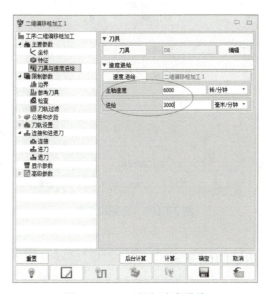

图 2.1.103　刀具与速度进给

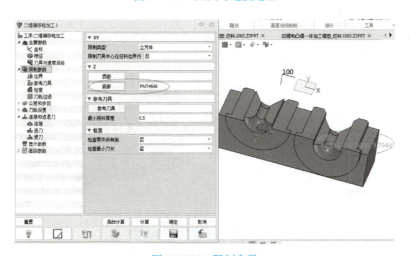

图 2.1.104　限制参数

注意： 此处定义的最低点就是凹模卡槽面。

【公差和步距】

单击"公差和步距"选项，将"曲面余量"总体设置为 0.3mm，即侧边和底边余量均为 0.3mm，"步进"设置为 60%，"下切步距"设置为 2mm，也就是每层切深 2mm，如图 2.1.105 所示。

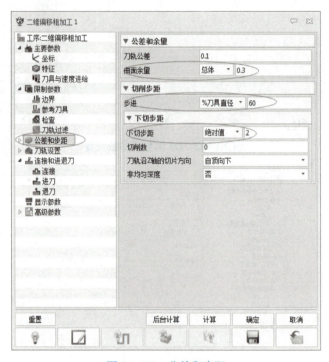

图 2.1.105　公差和步距

【刀轨设置】

设置同步加工层，如图 2.1.106 所示。

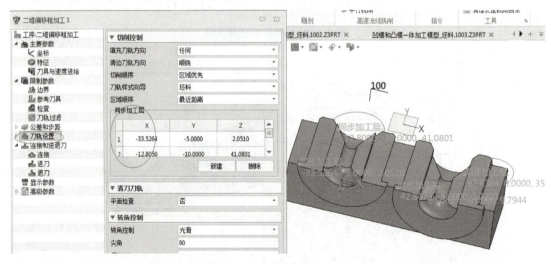

图 2.1.106　设置同步加工层

注意： 图 2.1.106 中的同步加工层需要设置凹模、凸模接触面及卡槽面。

【连接和进退刀】

单击"连接和进退刀"选项,将"进刀类型"和"退刀类型"均定义为沿刀轨斜向,如图 2.1.107 所示。

图 2.1.107　连接和进退刀

注意: 当开粗时,由于毛坯还未被切削,为避免崩刃,一般选择沿刀轨斜向的进退刀方式。斜坡角度、斜坡高度的设置值与刀具和工件材料有关,即工件材料的位置越高,斜坡角度和斜坡高度越大。一般可将二者分别设置为 2°~10°、5~10mm。另外,斜坡高度要大于切削深度,如此处切削深度为 2mm,那么可将斜坡高度设置为 2.1mm(大于 2mm)。否则会出现"斜坡高度小于切削深度"的提示,虽可以继续计算刀具路径,但不太方便。

定义好所有参数后,单击"计算"按钮,将得到如图 2.1.108 所示的"二维偏移粗加工 1"刀具路径。

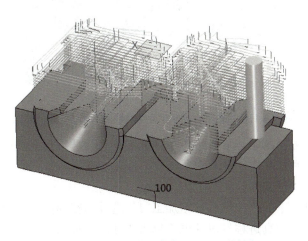

图 2.1.108　"二维偏移粗加工 1"刀具路径

注意： 图 2.1.108 刀具路径中有一段路径深入了内圆锥面，此时我们需要用"刀轨编辑器"将这段路径删除。

选择"刀轨编辑器"→"二维偏移粗加工 1"→"修剪"选项，在弹出的"刀轨修剪"对话框中选择修剪类型，如"框选"，然后选择要修剪的刀具路径，单击"应用"按钮即可实现修剪，如图 2.1.109 所示。

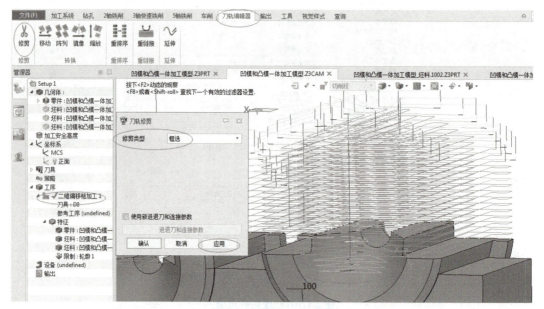

图 2.1.109　修剪刀具路径

将左右两侧刀具路径修剪完成后，就可以得到想要的结果，如图 2.1.110 所示。

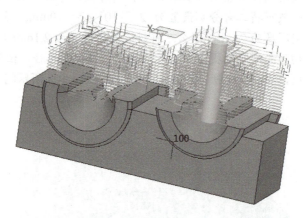

图 2.1.110　修剪完成的"二维偏移粗加工 1"刀具路径

注意： 如果修剪刀具路径后重新进行了计算或后台计算，则会使修剪的刀具路径被重新计算出来。因此，用户可以确定好所有参数后，再进行修剪操作，以避免重复无用的工作。

（2）实体仿真：二维偏移粗加工 1。

右击"计划管理"下的"二维偏移粗加工 1"选项，在弹出的快捷菜单中选择"实体仿真"选项，弹出"实体仿真进程"对话框，单击"播放"按钮，即可看到本道工序的实体仿真结果，如图 2.1.111 所示。

图 2.1.111　实体仿真结果

注意：通过更改坯料可以分别看到凹模和凸模的实体仿真结果。

2）正面铣平面：平坦面加工 1

本道工序是对凹模和凸模一体加工模型的所有平面进行精铣削。

（1）定义工序：平坦面加工 1。

双击"计划管理"下的"工序"选项，弹出"工序类型"对话框，单击"快速铣削"选项卡，选择"平坦"即可插入"平坦面加工 1"精铣削平面工序，如图 2.1.112 所示。

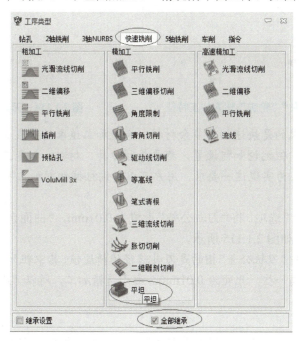

图 2.1.112　插入"平坦面加工 1"工序

【继承"正面"坐标系】

双击刚刚定义的"平坦面加工 1"选项，弹出"平坦面加工 1"对话框，由于已继承了上道工序的设置，所以工序坐标系已确定为"正面"坐标系，无须再次设置。

【选择特征】

在"特征"选项框中选择"坯料"，单击"移除"按钮，此时加工特征序列仅余"零件""轮廓"作为加工特征，如图 2.1.113 所示。

注意：因本道工序是开粗工序后的精铣平面加工，故只需要"零件""轮廓"作为加工特征就可以。

【刀具与速度进给】

单击"刀具与速度进给"选项，本道工序继续使用 D8 刀具，但需要按表 2.1.1 数控加工工艺卡中第 13 道工序的切削用量进行设置，如图 2.1.114 所示。

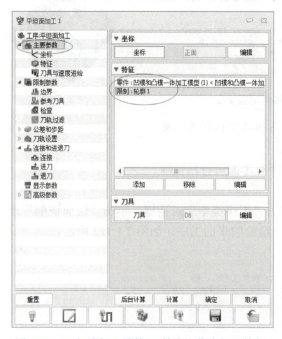

图 2.1.113　仅选择"零件""轮廓"作为加工特征

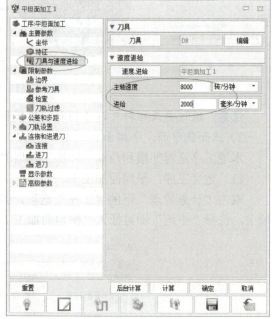

图 2.1.114　刀具与速度进给

注意：粗加工追求的是快速切出多余材料，而精加工追求的是表面质量，因此两者的切削用量设置是不同的。但无论如何设置，都要兼顾刀具、材料、机床三者的平衡，以便最大效率地发挥机床性能。为实现这一要求，用户可以查询机械切削加工手册中的经验公式。

【公差和步距】

单击"公差和步距"选项，将"刀轨公差"设置为 0.01mm，"曲面余量"总体设置为 0mm，"步进"设置为 60%，如图 2.1.115 所示。

注意：图 2.1.115 中"刀轨公差"指的是刀具路径的精度值，其中粗加工的精度值为 0.1mm，而精加工的精度值要高一些，此处为 0.01mm。由于是精加工，所以"曲面余量"总体设置为 0mm。

【连接和进退刀】

单击"连接和进退刀"选项，将"进刀类型"和"退刀类型"均定义为圆弧直线，"进刀圆弧类型"和"退刀圆弧类型"均定义为水平，如图 2.1.116 所示。

设置好所有参数后，单击"计算"按钮，"平坦面加工 1"刀具路径显示出来，如图 2.1.117 所示。

注意：双击"平坦面加工 1"前面的图标就可以隐藏它的刀具路径，单击图标左边的右三角就可以将工序展开或折叠，这样会使工序界面简洁一些，方便后续的操作。

图 2.1.115　公差和步距

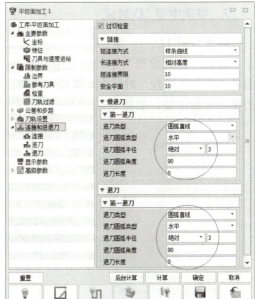
图 2.1.116　连接和进退刀

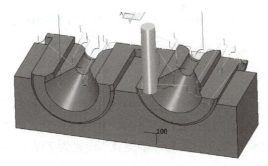

图 2.1.117　"平坦面加工 1"刀具路径

（2）实体仿真：平坦面加工 1。

在"计划管理"→"平坦面加工 1"工序上右击，在弹出的快捷菜单中选择"实体仿真"选项，弹出"实体仿真进程"对话框，单击"播放"按钮，得到如图 2.1.118 所示的实体仿真结果。

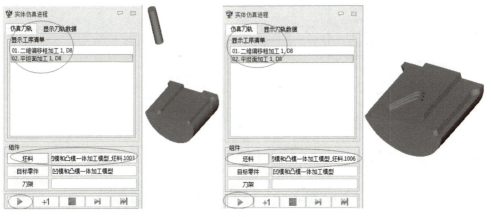

图 2.1.118　实体仿真结果

7. 铣削中望 3D 验证

在完成第 12～13 道工序后，对两道工序一起进行验证。

右击"计划管理"下的"工序"选项，在弹出的快捷菜单中选择"实体仿真"选项，弹出"实体仿真进程"对话框，单击"播放"按钮，在中望 3D 中验证凹模和凸模一体加工模型的实体仿真结果，如图 2.1.119 所示。

图 2.1.119　凹模和凸模一体加工模型的中望 3D 验证

在数控铣床上完成第 12～13 道工序后，用户可以将零件拆下来进行配合试验。

8. 生成铣削 NC 程序

中望 3D 验证无误后，就可以导出第 12～13 道工序的 NC 程序了，程序名为%21111112。

首先定义加工设备：双击"计划管理"下的"设备"选项，在弹出的"设备管理器"对话框中输入"华中 3 轴铣床"，将"后置处理器配置"设置为 ZW_HNC-21_22M_3X，单击"确定"按钮，如图 2.1.120 所示。

图 2.1.120　定义加工设备

下面生成正面程序%21111112。

右击"计划管理"下的"输出"选项,在弹出的快捷菜单中选择"CL/NC 设置"选项。在弹出的"输出程序"对话框中将"零件 ID"定义为 21111112,"程序名"为正面,"刀轨坐标空间"为正面,"文件夹名"与工作目录相同,如图 2.1.121 所示。

(1) 插入 NC。

右击"计划管理"下的"输出"选项,在弹出的快捷菜单中选择"插入 NC"选项,此时"输出"下面多出一个"21111112"选项。

(2) 添加工序。

右击"计划管理"→"输出"→"21111112"选项,在弹出的快捷菜单中选择"添加工序"选项。在弹出的"选择输出工序"对话框中选择第 12~13 道工序后,单击"确认"按钮,如图 2.1.122 所示。

图 2.1.121　正面程序%21111112—CL/NC 设置

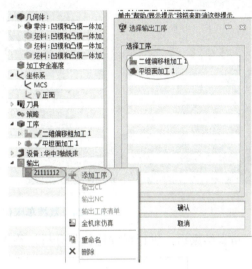

图 2.1.122　添加第 12~13 道工序

(3) 输出正面 NC 程序。

右击"计划管理"→"输出"→"21111112"选项,在弹出的快捷菜单中选择"输出 NC"选项,得到自动生成的正面 NC 程序%21111112,如图 2.1.123 所示。

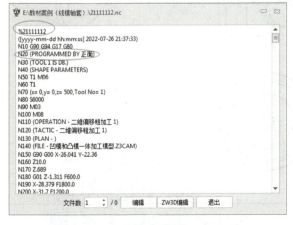

图 2.1.123　正面 NC 程序%21111112

接下来进行线模轴套的仿真加工：选择华中数控车床进行第1~6道工序和第8~11道工序的仿真加工，选择华中数控铣床进行第12~13道工序的仿真加工。

9. 线模轴套数控车床仿真加工

分别在%211113、%211156程序尾加上G00 X100 Z100指令，方便换刀加工，最终仿真结果如图2.1.124所示。

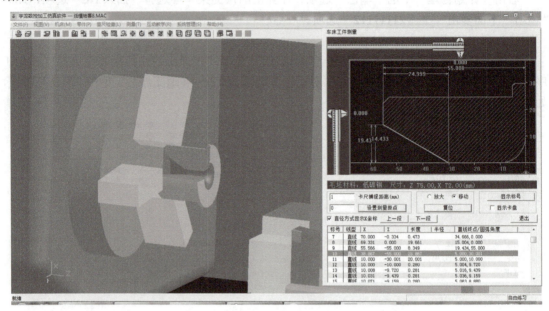

图2.1.124　数控车床仿真结果—整体式线模轴套

仿真结束后，进行零件检验与分析，整体式线模轴套二维工程图如图2.1.125所示。

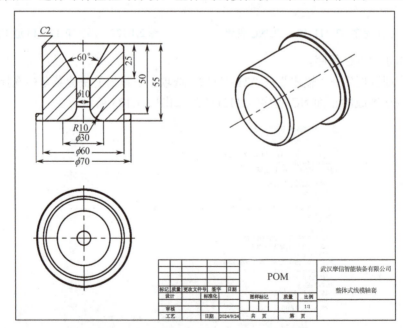

图2.1.125　整体式线模轴套二维工程图

根据整体式线模轴套零件图，确定其检验与评分标准，如表 2.1.2 所示。单个零件数控仿真加工任务的加工时限为 60 分钟，每超 1 分钟扣 1 分。

表 2.1.2 检验与评分标准

项 目	检 验 要 点	配 分	评分标准及扣分	得 分	备 注
主要项目	最大外圆直径 φ70mm	10 分	误差每大于 0.02mm 扣 3 分，误差大于 0.07mm 该项得分为 0		
	阶梯轴外圆直径 φ59.8mm	10 分	误差每大于 0.05mm 扣 2 分，误差大于 0.2mm 该项得分为 0		
	内轮廓圆弧直径 φ20mm	10 分	误差每大于 0.05mm 扣 2 分，误差大于 0.07mm 该项得分为 0		
	内孔直径 φ10mm	10 分	误差每大于 0.02mm 扣 3 分，误差大于 0.07mm 该项得分为 0		
	零件总长度 55mm	10 分	误差每大于 0.02mm 扣 3 分，误差大于 0.07mm 该项得分为 0		
	阶梯轴长度 50mm	10 分	误差每大于 0.05mm 扣 2 分，误差大于 0.2mm 该项得分为 0		
	内圆锥长度 25mm	10 分	误差每大于 0.05mm 扣 2 分，误差大于 0.07mm 该项得分为 0		
	内圆锥锥角 60°	10 分	误差每大于 0.5° 扣 2 分，误差大于 0.7° 该项得分为 0		
	卡槽宽度 30mm	5 分	误差每大于 0.05mm 扣 2 分，误差大于 0.07mm 该项得分为 0		
	卡槽深度 5mm	5 分	误差每大于 0.05mm 扣 2 分，误差大于 0.07mm 该项得分为 0		
一般项目	倒角 C2	2 分	每错一处扣 2 分		目测
	表面质量	8 分	每处加工残余、划痕扣 2 分		目测
用时	规定时间之内（60 分钟）		超时扣分，每超 1 分钟扣 1 分		
总分（100 分）					

10. 线模轴套数控铣床仿真加工

最终仿真结果如图 2.1.126 所示。

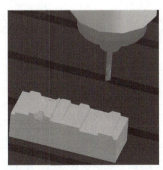

图 2.1.126 数控铣床仿真结果—凹模和凸模一体加工模型

仿真加工结束后，进行零件检验与分析。线模轴套凸模、凹模的二维工程图如图 2.1.127 和图 2.1.128 所示。

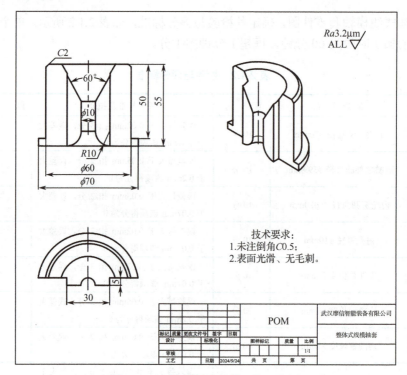

图 2.1.127　线模轴套凸模二维工程图

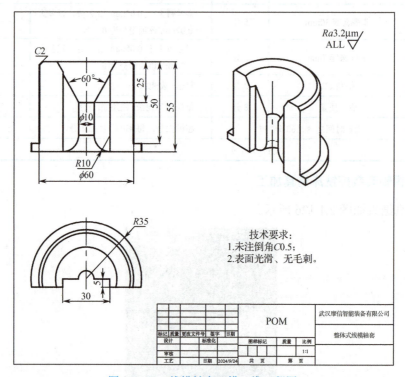

图 2.1.128　线模轴套凹模二维工程图

根据凸模、凹模零件图，确定凸模和凹模的检验与评分标准，如表 2.1.3 所示。两个零件数控仿真加工任务的加工时限为 30 分钟，每超 1 分钟扣 1 分。

表 2.1.3 评分标准

项目	检验要点	配分	评分标准及扣分	得分	备注
主要项目	最大外圆半径 R35mm	10 分	误差每大于 0.02mm 扣 3 分，误差大于 0.07mm 该项得分为 0		
	阶梯轴外圆半径 R29.9mm	10 分	误差每大于 0.05mm 扣 2 分，误差大于 0.2mm 该项得分为 0		
	内轮廓圆弧半径 R10mm	10 分	误差每大于 0.05mm 扣 2 分，误差大于 0.07mm 该项得分为 0		
	内孔半径 R5mm	10 分	误差每大于 0.02mm 扣 3 分，误差大于 0.07mm 该项得分为 0		
	零件总长度 55mm	10 分	误差每大于 0.02mm 扣 3 分，误差大于 0.07mm 该项得分为 0		
	阶梯轴长度 50mm	10 分	误差每大于 0.05mm 扣 2 分，误差大于 0.2mm 该项得分为 0		
	内圆锥长度 25mm	10 分	误差每大于 0.05mm 扣 2 分，误差大于 0.07mm 该项得分为 0		
	内圆锥锥角 60°	10 分	误差每大于 0.5°扣 2 分，误差大于 0.7°该项得分为 0		
	卡槽宽度 30mm	5 分	误差每大于 0.05mm 扣 2 分，误差大于 0.07mm 该项得分为 0		
	卡槽深度 5mm	5 分	误差每大于 0.05mm 扣 2 分，误差大于 0.07mm 该项得分为 0		
一般项目	倒角 C2	2 分	每错一处扣 2 分		目测
	表面质量	8 分	每处加工残余、划痕扣 2 分		目测
用时	规定时间之内（30 分钟）		超时扣分，每超 1 分钟扣 1 分		
总分（100 分）					

【二维码 45】

【二维码 46】

任务小结

通过本任务的学习，我们了解了数控加工厂家收到客户关于某个产品创新设计及数控加工的需求后，进行设计及数控加工的过程与方法。

1. 熟悉中望 3D 数控车、铣软件的操作界面。
2. 熟悉中望 3D 数控车、铣软件端面、粗车、精车、钻孔、二维偏移粗加工、平坦面加工等刀具路径规划的方法与技巧，包括选择配置刀具、定义特征和参数等。
3. 熟悉中望 3D 数控车、铣软件自动生成 NC 程序和进行实体验证的方法。
4. 熟悉数控仿真加工软件的操作方法。
5. 熟悉从装夹坯料、对刀、导入程序、程序模拟、仿真加工到零件检验的整个过程。
6. 熟悉零件加工结果的尺寸检测与分析方法。

思考与练习

一、眼睛按摩器浮雕件及底座的创新设计与数控加工

具体创新要求、客户需求及产品合格标准等内容可以扫码获取。

【二维码 47】

二、汽车发动机摇臂杆的创新设计与数控加工

具体创新要求、客户需求及产品合格标准等内容可以扫码获取。

【二维码 48】

三、玩具雷达猫眼的创新设计与数控加工

具体创新要求、客户需求及产品合格标准等内容可以扫码获取。

【二维码 49】

情境 3

产品创意与数控加工

在工程实际中,数控加工厂家可能仅收到了客户关于某个新产品的描述,这就要求数控加工厂家从数控加工工艺的角度进行产品的设计,并加工出符合客户需求的产品。在这种情况下,客户的需求通常是尽可能节约材料和加工成本。

本情境以收到客户创意需求为案例,按照需求分解、数控加工工艺分析、安排生产、客户试用的模式详细介绍数控加工厂家在仅收到创意需求的情况下进行设计及数控加工的过程与方法,同时穿插了全国职业院校技能大赛"工业设计技术"赛项等相关案例。

【客户订单】

武汉金石兴机器人自动化工程有限公司(以下简称金石兴公司)是一家专注工业机器人与智能制造应用工程和人才培养、技术服务的高新技术企业。该公司现要研发一条能够利用工业机器人自动抓取汽车点火器开关支架(见图 3.0.1,以下简称支架)进行产品称重的自动化生产线(见图 3.0.2)。技术方案是首先利用 Y 形手指气缸(见图 3.0.3)对支架进行夹持提升,并将其移动到称重台进行质量检测,然后提升移回原地,继续流转。

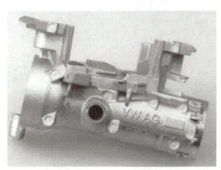 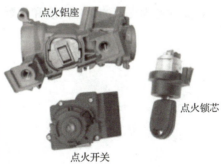

图 3.0.1 汽车点火器开关支架

目前遇到的难题在于:支架外形复杂,吸盘等机械手已无法完成抓取任务,需要设计能够装在 Y 形手指气缸上的新型抓取工具(以下简称抓手),并使之抓取后能够平稳地将支架放到称重盘上进行称重。

客户提出的需求如下。

(1)满足抓取强度即可,尽可能节约材料(7075 铝合金),控制抓手的总质量小于 150g。抓手与支架接触面应符合支架的外形曲面,尽可能增大接触面积。

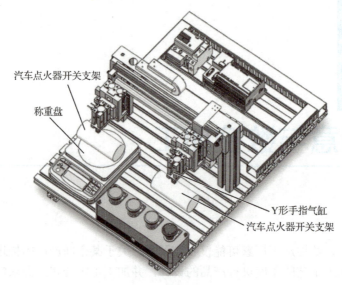

图 3.0.2 夹持搬运称重作业示意图

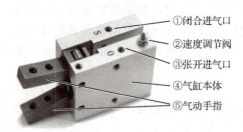

图 3.0.3 Y 形手指气缸

（2）在支架表面选择合理的夹持位置、合理的气动手指夹持角度。要求两个气动手指的合拢中心面和筒状中心线重合。提示：夹持时支架两脚螺纹端面（见图 3.0.4 虚线圆圈区域）为水平状态，无须考虑支架的定位高度和位置。

图 3.0.4 支架两脚螺纹端面的位置

（3）抓手与气动手指合理连接，充分利用侧面（磨削面）作为基准，测量其实际尺寸，按照单边间隙小于 0.05mm 设计配合尺寸，确定尺寸公差，使用如图 3.0.5 所示的 M4×12 杯头内六角螺栓固定。

（4）在抓手和气缸进气接口垂直方向的侧面上，在合理位置设计 M5 孔，用于安装如图 3.0.6 所示的气管接头，并在夹持面（曲面接触面）位置设计 2 个小孔用以吹气，避免夹持时夹屑，如图 3.0.7 所示。

图 3.0.5　M4×12 杯头内六角螺栓　　　　图 3.0.6　气管接头

图 3.0.7　气管接头孔和吹气孔位置

【创意分析】

根据客户描述，金石兴公司接到的任务是设计并加工一个能够安装在 Y 形手指气缸上的抓手。由于 Y 形手指气缸上有两个气动手指，因此抓手包括两个软爪，且两个软爪需分别被安装在两个气动手指上，同时要满足材料、质量、安装间隙、排气孔位置等要求。基于上述情况，金石兴公司组织技术人员对关键部件进行了分析。

1. 点火铝座

点火铝座是汽车发动和熄火的锁支架，零件质量直接影响到点火和熄火的正常工作。其外形由多个规则和不规则平面或曲面构成，比较复杂，长度约为 120mm，质量约为 0.5kg。

若要实现点火铝座在生产线上进行往复交替流转称重，就必须使其始终保持如图 3.0.8 所示的姿态。

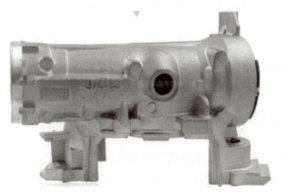

图 3.0.8　点火铝座称重时的姿态

2. 气动手指

气动手指又名气动夹爪或气动夹指，是以压缩空气为动力，用来夹取或抓取工件的执行装置，目前在国内自动化生产线上已经有了广泛应用。气动手指根据结构和运动不同，可分为 Y 形和平形两种，其主要作用是替代人的抓取工作，有效地提高生产效率及工作安全性。金石兴公司选择的 Y 形手指气缸的缸径为 20mm，夹持力矩为 0.7N·m，开闭角度为 10°～30°，质量为 180g，其尺寸如图 3.0.9 所示。

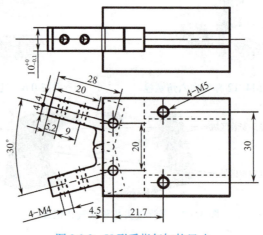

图 3.0.9　Y 形手指气缸的尺寸

从图 3.0.9 可以看出，抓手与气缸连接的部位是 4 个 M4 螺纹孔。

3. 抓手合格标准

（1）材料。

7075 铝合金，抓手总质量不超过 150g。

（2）加工质量。

能够满足夹持支架的需求，气管接头连接紧密，吹气顺畅；两个软爪与 Y 形手指气缸连接可靠，两侧面间隙小于 0.05mm，不松动；表面粗糙度在 3.2μm 以上。

（3）试运转。

在支架流转过程中，两个软爪闭合紧密，夹持牢靠不掉落；在夹持或张开瞬间，支架不发生明显晃动；各连接件、紧固件应无松动现象；吹气顺畅无堵塞。

【任务分解】

1. 抓手的三维模型设计

根据客户提出的"两个气动手指的合拢中心面和筒状中心线重合"的需求，并结合点火铝座的外形特点和流转时的姿态，金石兴公司考虑采用下面几个步骤进行抓手与点火铝座接触部位形状的设计。

（1）通过三维数据采集、逆向建模软件重建点火铝座三维模型，并截取支架两脚之间的类似圆柱部位。也就是说，支架两脚之间的类似圆柱部位就是抓手夹持的部位，同时应保证抓手内部形状和此相同，误差控制在 0.08mm 以内。

（2）如前面的分析，抓手分为两个软爪，且两个软爪需分别被安装在气缸的两个气动手指上。因此，从加工工艺的角度分析，金石兴公司将两个软爪用一块材料进行加工，最后用锯割、锉削的方法加工成两个软爪，并将其分别安装在两个气动手指上。

（3）根据"抓手与气动手指合理连接，单边间隙小于 0.05mm，使用 M4×12 杯头内六角螺栓固定"的需求，金石兴公司将两个软爪与手指连接部位设计成一边开口的槽形结构，尺寸为 20mm×10mm×8mm。

（4）根据图 3.0.7 中气管接头和吹气孔的位置，金石兴公司在两个软爪侧面、软爪与支架接触面处合理设置了相互垂直、贯通的吹气孔。另外，为保证孔加工时容易定心，金石兴公司考虑在吹气孔定位点处加工一个不影响夹持支架的工艺平面。

最终的抓手三维模型如图 3.0.10 所示。

将抓手三维模型发给客户后，客户表示满意。

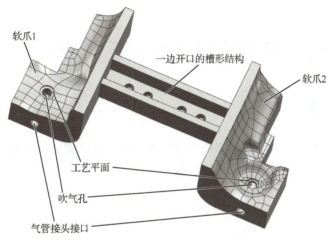

图 3.0.10　最终的抓手三维模型

2. 加工方法

由于抓手需要加工的部位包括外形、槽、曲面、孔、螺纹等，所用刀具较多，因此金石兴公司经过认真研判，从数控加工工艺合理性的角度将抓手安排在加工中心进行加工，采用中望 3D 2023 版自动生成程序。

本情境将以抓手为项目，向读者详细讲解中望 3D 自动编程及实操的方法与技巧。

任务 3.1　工业机器人称重流转生产线抓手的创意设计与数控加工

素质目标

1. 具备精益求精的工匠精神。
2. 具有全心全意为客户服务的职业操守。
3. 具有勇攀高峰的勇气。

知识目标

1. 了解数控加工厂家在收到客户创意描述后，进行产品三维建模、客户确认、产品数控加工安排、成品检测、交付客户的整个运作过程。

2. 能够根据零件特点进行工艺安排，如数控加工结束后进行锯割等钳工操作。

能力目标

掌握中望 3D 刀具路径规划、自动生成 NC 程序等技能，会根据客户需求合理确定数控加工工艺，完成铣床零件的加工。

实施过程

本任务的实施过程包括抓手铣削刀具路径规划、NC 程序生成、抓手仿真加工与检测三个部分。

一、任务引入

加工如图 3.1.1 所示的抓手，抓手的三维模型已经过客户确认，可以在中望 3D 上进行该零件的刀具路径规划、NC 程序生成和数控仿真，最后将验证好的程序导入数控机床进行实际加工。

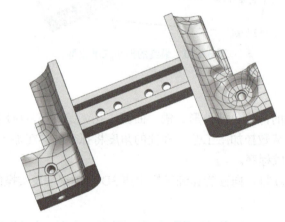

图 3.1.1 抓手

1. 零件分析

根据客户要求，金石兴公司选用 7075 铝合金材料来制造抓手，并采用尺寸为 125mm×30mm×60mm 的毛坯进行数控加工，一块毛坯可加工 2 个软爪。由于抓手外形复杂，需要用到平底刀、球头刀、麻花钻、丝锥等工具，因此选择加工中心作为主要的加工设备。加工完成后，将抓手放到划线台上划线，并在台虎钳上完成锯割、锉削及去毛刺操作。

2. 制定数控加工工艺

数控加工工艺卡如表 3.1.1 所示。

表 3.1.1 数控加工工艺卡（抓手）

抓手			数控加工工艺卡			产品名称或代号		机械手	共 1 页
						零（部）件名称		抓手	第 1 页
材料	7075	毛坯种类	型材	毛坯尺寸	125mm×30mm×60mm	每毛坯可制作数	1	程序名	%311115、%311168、%311109	备注
序号	工序名称	工序内容及切削用量				设备	夹具	刀具	量具
1	正面开粗	铣削外形、接触面、开口槽 n=6000r/min, v_f=3000mm/min, a_p=2mm 单边余量为 0.3mm				加工中心	平口钳	D8	游标卡尺
2	正面铣平面	上表面及槽底平面铣削 n=8000r/min, v_f=2000mm/min				加工中心	平口钳	D8	游标卡尺
3	正面铣曲面	两个软爪内曲面铣削 n=8000r/min, v_f=1800mm/min				加工中心	平口钳	D8R4	游标卡尺
4	正面再铣曲面	两个软爪内曲面残留铣削 n=8000r/min, v_f=1000mm/min				加工中心	平口钳	D4R2	游标卡尺
5	正面钻孔	钻两个吹气孔、槽底四个连接孔 n=1500r/min, v_f=100mm/min				加工中心	平口钳	ϕ4.2mm	游标卡尺
6	反面开粗	工件翻转 180°，铣削外形等 n=6000r/min, v_f=3000mm/min, a_p=2mm 单边余量为 0.3mm				加工中心	平口钳	D8	游标卡尺
7	反面铣平面	上表面及槽下表面 n=8000r/min, v_f=2000mm/min				加工中心	平口钳	D8	游标卡尺
8	反面铣曲面	两个软爪外圆角铣削 n=8000r/min, v_f=1800mm/min				加工中心	平口钳	D8R4	游标卡尺
9	侧面钻孔	工件翻转 270°，钻两个气管接头连接孔 n=1500r/min, v_f=100mm/min				加工中心	平口钳	ϕ4.2mm	游标卡尺
10	侧面攻丝	两个气管接头连接孔攻 M5 螺纹 n=150r/min, f=0.8mm/r				台虎钳		M5 丝锥	M5 气管接头
11	锯削	中间划线保证两个软爪长度一致，锯成两半				划线台	台虎钳	锯弓	
12	锉削	将锯割过的平面锉削平整				台虎钳		板锉	
13	去毛刺	去锐角处毛刺				台虎钳		毛刺笔	
修改标记		签字		日期		制定（日期）		审核（日期）	

二、相关知识

中望 3D 是基于中望自主三维几何建模内核的 CAD/CAM 一体化软件，具备强大的混合建模能力，支持各种几何及建模算法，经过超 30 年的工业设计验证。中望 3D 集"实体建模、曲面造型、装配设计、工程图、钣金、模具设计、车削、2.5 轴加工"等功能模块于一体，覆盖产品设计开发全流程。

1. 中望 3D 的功能特点

中望 3D 是一种功能强大的 CAD/CAM 软件，相比其他软件具有以下特点。

1）独创 Overdrive 混合建模内核

中望 3D 实现了实体和曲面创建的统一，实体曲面完美结合，操作快捷灵活。

2）高效的逆向工程能力

中望 3D 支持点云数据并可分析数据，对生成的曲面进行光顺处理，可大幅缩短产品研制周期。

3）CAD/CAM 无缝集成

中望 3D 具备可靠的数据交换能力，通过内置转换程序，可轻松读取所有设计系统的数据。

4）强大的曲面造型功能

中望 3D 支持 A 级曲面，利用混合建模技术可以在曲面上直接插入孔，使曲面编辑便利快捷，大大提升了设计效率。

5）专业级修补功能

中望 3D 可以极方便地进行由文件导入导致的破面修补工作，支持 IGES、STEP、STL、VDA 等各种文件格式的导入/导出。

6）专业的模具设计功能

中望 3D 具有专业的模具设计功能，为复杂模具提供了非常强大的解决方案，具有操作简单和高效的特点，能有效提升用户的设计效率。

7）高速加工方式

中望 3D 采用极具特色的 Smoothlow 高速加工方式，其中的 UickMill 高速铣在模具加工中可确保提供最大化的加工效率，获得最高的加工精度，并且具有加工能耗低和节省制造资源的优势。

8）帮助系统

中望 3D 具有人性化的"边学边用"内嵌学习帮助系统，可大幅削减培训成本，缩短学习软件的周期。

9）最小配置

虽然具有如此多的模块和功能，但是中望 3D 安装时对空间和硬件的要求非常低，大部分主流机型均可顺畅运作中望 3D。

10）本土化优质服务

中望公司在为用户提供世界一流的高性价比的三维设计软件的同时，提供了本土化优质服务，以解除用户的后顾之忧。

2. 中望 3D 的工作界面

双击桌面上的"中望 3D 2023"快捷方式，进入初始界面，如图 3.1.2 所示，这就是中望 3D 的应用程序窗口，其显示的界面形式和 Windows 的其他应用软件相似，充分体现了中望 3D 用户界面友好、易学易用的特点。

如果我们新建一个设计文件，则可以看到中望 3D 的设计界面，如图 3.1.3 所示。

情境 3　产品创意与数控加工

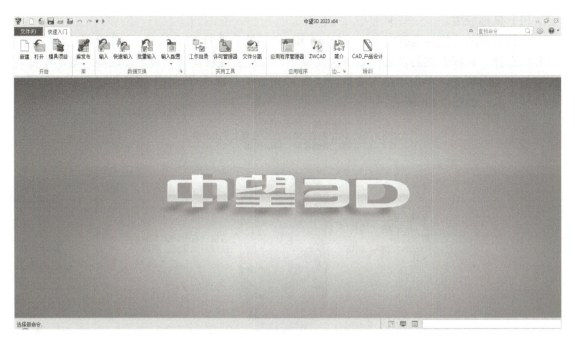

图 3.1.2　中望 3D 的初始界面

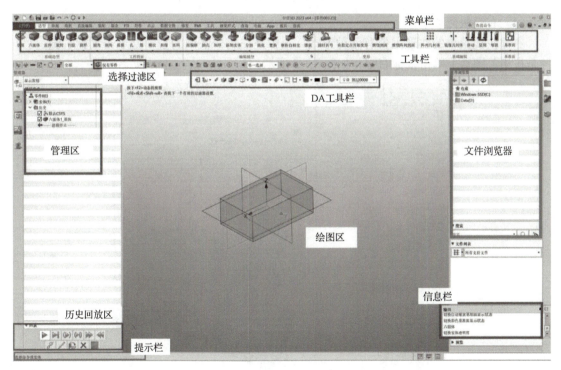

图 3.1.3　设计界面

进入中望 3D 的设计界面后，可以看出其设计界面由绘图区、工具栏、DA 工具栏（快捷工具栏）等组成，下面来介绍常用的操作。

有效地使用快捷工具，可以高效地完成设计任务。快捷工具的使用主要有鼠标应用及右键快捷菜单。

（1）鼠标应用。

鼠标左键的功能为选择对象，<Ctrl+左键>的功能为选择/取消选择，<Shift+左键>的功能为相切选择。鼠标右键的功能为右键快捷菜单，按住右键移动可实现旋转功能。滚动中键可实现放大/缩小功能，单击中键可实现确认输入/重复上一次命令功能，按住中键移动可实现移动视图功能，如图 3.1.4 所示。

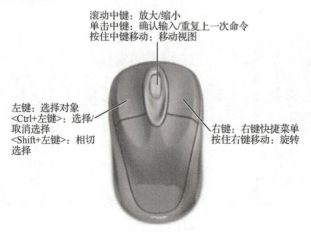

图 3.1.4　鼠标操作

（2）右键快捷菜单。

右键快捷菜单的实现主要有两种方式，一种是在工作区域的空白处单击鼠标右键，另一种是在相关图素上单击鼠标右键，如图 3.1.5 所示。

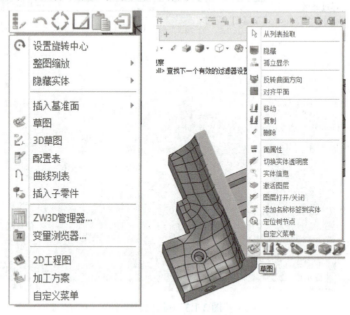

图 3.1.5　右键快捷菜单的实现

注意：中望 3D 可自定义快捷键，具体方法为：右击"工具"菜单下的"自定义"命令，弹出"自定义"对话框，在该对话框中单击"热键"选项卡，查找需要设置的命令功能，在右边输入快捷方式，如图 3.1.6 所示。

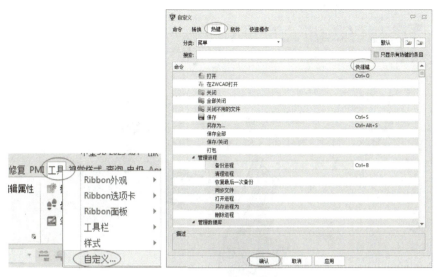

图 3.1.6　自定义快捷键

三、任务实施

本任务的实施步骤为加工环境设置、刀具路径规划、中望 3D 验证、生成 NC 程序、加工中心仿真。

【二维码 50】

1. 加工环境设置

对应已造型好的零件，首先在中望 3D 中将其打开，然后切换到"加工方案"中进行后续的步骤。

1）打开文件

打开中望 3D，打开"抓手"文件，如图 3.1.7 所示。

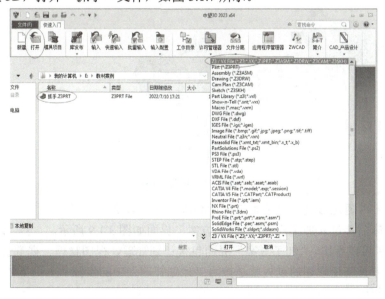

图 3.1.7　打开"抓手"文件

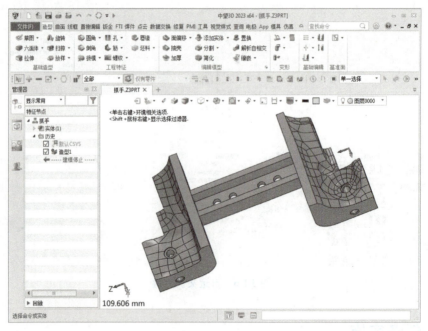

图 3.1.7　打开"抓手"文件（续）

注意：中望 3D 除可以打开 Z3 类型的文件外，还可以打开其他三维 CAD 软件类型的文件。

2）进入加工模式

打开"抓手"文件后，中望 3D 首先进入建模模式，可在 DA 工具栏中选择"加工方案"选项，然后在弹出的"选择模板"对话框中选择"MillTemplate"选项，也就是选择铣床，最后单击"确认"按钮，如图 3.1.8 所示。

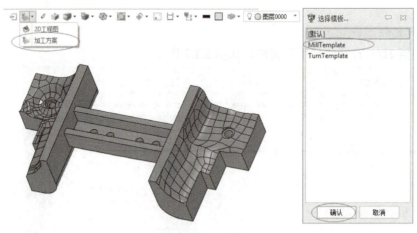

图 3.1.8　选择铣床

注意：也可以通过右键快捷菜单选择"加工方案"选项。

选择好铣床后，进入加工模式，"加工方案"界面如图 3.1.9 所示。

由图 3.1.9 可以看出，"加工方案"界面包含计划管理、视图管理、视觉管理、用户管理等多个区域。刀具路径规划的过程就是按照"计划管理"中的步骤从上到下依次进行设置。

3）定义坯料

单击"加工系统"工具栏中的"添加坯料"按钮，弹出"添加坯料"对话框，选中抓手

— 146 —

模型上表面中心，定义长度、宽度及高度分别为 125mm、60mm、35mm，如图 3.1.10 所示。

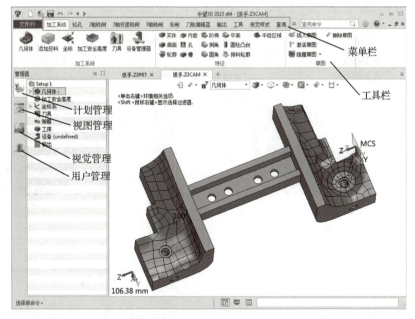

图 3.1.9 "加工方案"界面

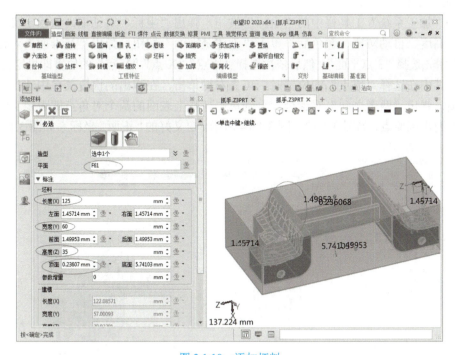

图 3.1.10 添加坯料

注意：在定义坯料时，要根据实际坯料的大小、坯料装夹的方位来定义，不能随意定义。在本情境中，红色面及对面为装夹面，因此，平面选择为上表面。定义了长度、宽度后，系统会自动定义左右、前后的余量。为了能够加工到上表面，我们定义了"顶面"0.2mm 左右的高度值，总高度还是 35mm，如图 3.1.11 所示。

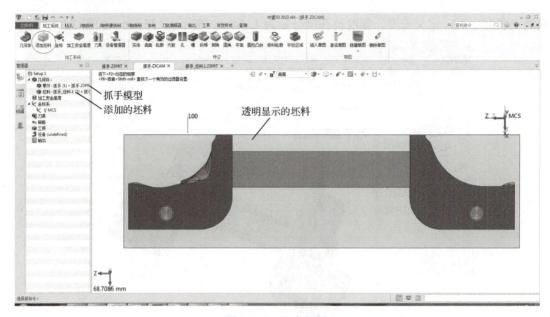

图 3.1.11 定义坯料

注意：双击"计划管理"中新添加的坯料前的图标可以隐藏坯料，使其不显示出来。

4）定义坐标系

单击"加工系统"工具栏中的"坐标"按钮，弹出"坐标"对话框，依次定义坐标的名称、安全高度、自动防碰、颜色后，单击"创建基准面"按钮，弹出"基准面"对话框。在该对话框中先选择"3点平面"，然后依次选择"原点""X点""Y点"的位置即可定义"正面"坐标系，其中在选择"原点"的位置时，可先右键单击，在弹出的快捷菜单中选择"两者之间"选项，弹出"两者之间"对话框，分别单击坯料上表面的两个对角点即可定义坯料上表面中心点为坐标原点，如图3.1.12～图3.1.14所示。定义好的"正面"坐标系如图3.1.15所示。

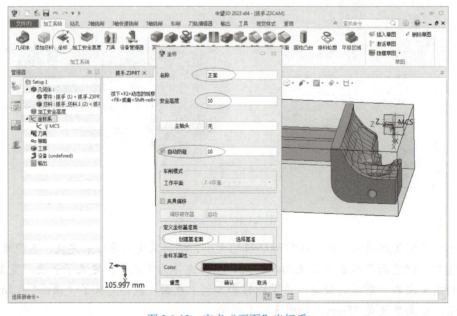

图 3.1.12 定义"正面"坐标系

情境 3　产品创意与数控加工

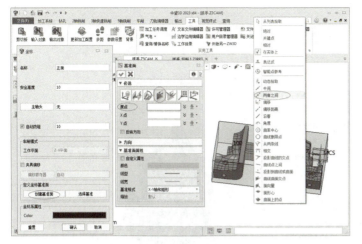

图 3.1.13　创建基准面

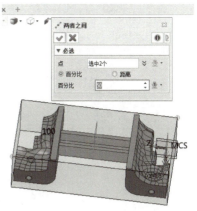

图 3.1.14　"两者之间"对话框

图 3.1.15　定义好的"正面"坐标系

注意： 要根据实际加工时的装夹方向来确定坐标系，本情境采用立式加工中心进行加工，前后装夹，因此向左为 X 轴正方向，向后为 Y 轴正方向，向上为 Z 轴正方向。

2. 刀具路径规划

根据表 3.1.1 数控加工工艺卡，在中望 3D 中需要规划第 1～9 道工序的刀具路径。

1）正面开粗：二维偏移粗加工 1

坯料前后装夹（坯料平放，装夹 125mm 长边），本道工序是对"抓手"上表面外形、软爪接触面、开口槽进行粗铣削。

（1）定义工序：二维偏移粗加工 1。

双击"计划管理"下的"工序"选项，弹出"工序类型"对话框，单击"快速铣削"选项卡，选择"二维偏移"即可插入"二维偏移粗加工 1"开粗工序，如图 3.1.16 所示。

— 149 —

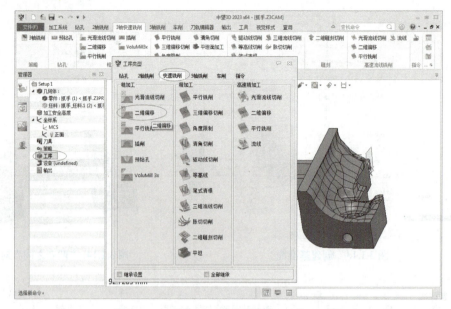

图 3.1.16 插入"二维偏移粗加工 1"工序

【选择坐标】

双击刚刚定义的"二维偏移粗加工 1"选项,弹出"二维偏移粗加工 1"对话框,从上到下依次选择坐标、特征等。

单击"坐标"选项,选择"正面"坐标系,如图 3.1.17 所示。

图 3.1.17 选择"正面"坐标系

注意:可以在"加工坐标列表"中对已定义的坐标系进行"管理",重新定义。也可以对已选择的坐标系进行"编辑"。

【选择特征】

单击"特征"选项,选择"零件"和"坯料",单击"确定"按钮,将抓手和坯料添加到加工特征序列中,如图 3.1.18 所示。

注意:选择什么作为特征要看本道工序中需要加工的部位,如本道工序是开粗工序,那么就需要按零件轮廓在坯料上进行加工,因此"零件"和"坯料"两个特征都要选择。

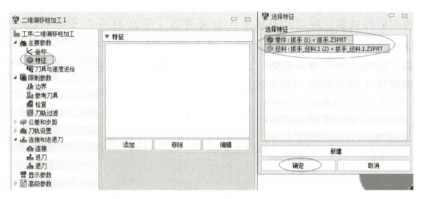

图 3.1.18 选择特征

【刀具与速度进给】

单击"刀具与速度进给"选项,单击"刀具"按钮,弹出"刀具"对话框。本道工序所用刀具为 D8(端铣刀),在"造型"选项卡中设置 D8 相关参数,如图 3.1.19 所示。

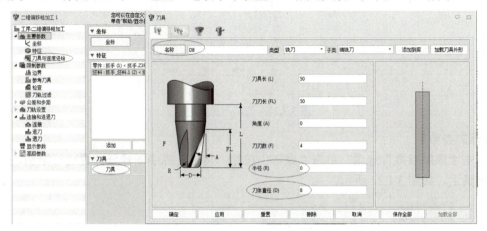

图 3.1.19 设置 D8 相关参数

在"更多参数"选项卡中设置 D8 的刀位号、D 寄存器(号)、H 寄存器(号)均为 1,也就是第 1 把刀具,如图 3.1.20 所示。

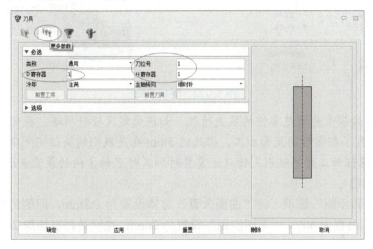

图 3.1.20 D8 的更多参数设置

注意：为不引起编程、对刀时刀位号及D寄存器（号）、H寄存器（号）发生混乱，通常将刀位号、D寄存器（号）、H寄存器（号）设置成一致的。

完成刀具"造型"和"更多参数"的设置后，单击"确定"按钮，随后按照表3.1.1数控加工工艺卡设置第1道工序的刀具与速度进给，如图3.1.21所示。

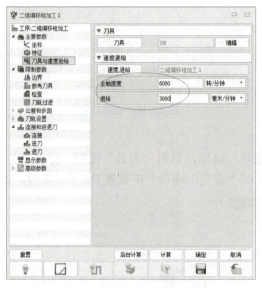

图3.1.21 刀具与速度进给

【限制参数】

单击"限制参数"选项，单击"底部"按钮，将加工抓手的最低位置进行限制，以防加工到夹具上，如图3.1.22所示。

图3.1.22 限制参数

注意：用户必须十分清楚零件的装夹情况，如前面定义坯料所述，我们把绝大多数余量（5mm以上）留到了翻面后的反面加工，因此这5mm也是我们的夹位（平口钳钳口与坯料的接触位置），为保证加工时不铣削到钳口，需要对加工时Z轴方向的最低点进行限制。

【公差和步距】

单击"公差和步距"选项，将"曲面余量"总体设置为0.3mm，即侧边和底边余量均为0.3mm，"步进"设置为60%，"下切步距"设置为2mm，也就是每层切深2mm，如图3.1.23所示。

注意：图 3.1.23 中的三个参数要根据机床刚度、刀具的实际情况等综合设定，并不是千篇一律的。

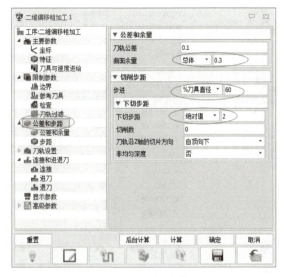

图 3.1.23 公差和步距

【刀轨设置】

设置同步加工层，如图 3.1.24 所示。

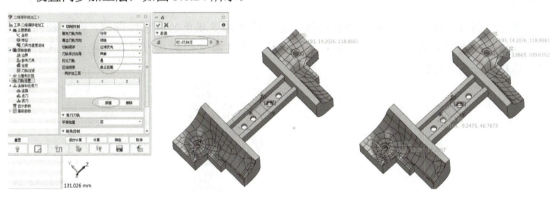

图 3.1.24 设置同步加工层

注意：设置同步加工层的目的是保证在同时加工谷底和谷峰时，谷峰加工到位，如此处我们需要用刀具加工两个工艺孔底、槽底。因此，需要定义三个相应的同步加工层平面上的点。

【连接和进退刀】

单击"连接和进退刀"选项，将"进刀类型"和"退刀类型"均定义为沿刀轨斜向，如图 3.1.25 所示。

注意：当开粗时，由于坯料还未被切削，为避免崩刃，一般选择沿刀轨斜向的进退刀方式。斜坡角度、斜坡高度的设置值与刀具和工件材料有关，即工件材料的位置越高，斜坡角度和斜坡高度越大。一般可将二者分别设置为 2°～10°、5～10mm。另外，斜坡高度要大于切削深度，如此处切削深度为 2mm，那么可将斜坡高度设置为 2.1mm（大于 2mm）。否则会出现"斜坡高度小于切削深度"的提示，虽可以继续计算刀具路径，但不太方便。

图 3.1.25 连接和进退刀

定义好所有参数后,单击"计算"按钮,将得到如图 3.1.26 所示的"二维偏移粗加工 1"刀具路径。

注意:图 3.1.26 中的刀具路径是由红、黄、绿等很多颜色的线条组成的,每种颜色的线条代表不同的走刀方式,我们可以在"显示参数"中了解它们的走刀方式,也方便我们分析刀具路径,如图 3.1.27 所示。

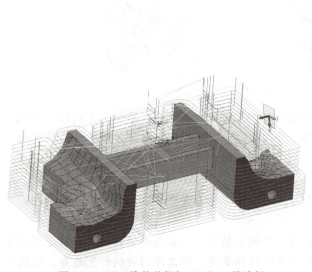

图 3.1.26 "二维偏移粗加工 1"刀具路径

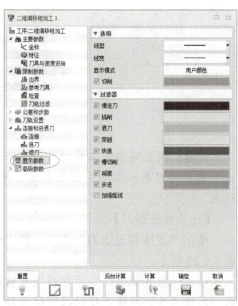

图 3.1.27 显示参数

注意:刀具路径规划好以后,我们可以单击"后台计算"按钮进行刀具路径生成,此时我们可以继续进行其他操作,系统后台会自动计算,如图 3.1.28 所示。最新的计算结果要选择"3轴快速铣削"→"工具"→"后台计算输入"选项,才会显示出来。

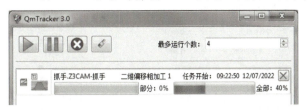

图 3.1.28 后台计算

(2)实体仿真:二维偏移粗加工1。

右击"计划管理"下的"二维偏移粗加工 1"选项,在弹出的快捷菜单中选择"实体仿真"选项,弹出"实体仿真进程"对话框,单击"播放"按钮,即可看到本道工序的实体仿真结果,如图 3.1.29 所示。

图 3.1.29 实体仿真结果

从实体仿真结果可以看出模型是否和我们预先设想的一致,若不一致,则可以重复前面的操作进行修改。

2)正面铣平面:平坦面加工1

本道工序是对抓手上表面及槽底平面进行精铣削。

(1)定义工序:平坦面加工1。

双击"计划管理"下的"工序"选项,弹出"工序类型"对话框,单击"快速铣削"选项卡,选择"平坦"即可插入"平坦面加工1"精铣削平面工序,如图 3.1.30 所示。

注意:由于在前面已经加入了"二维偏移粗加工1"的工序,为了不重复设置一些参数,可以勾选"继承设置"或"全部继承"复选框,前者是在"参数""刀具""速度和进给速度""特征"中选择要继承的内容,如图 3.1.31 所示;后者是无条件全部继承上道工序的所有参数设置。

【继承"正面"坐标系】

双击刚刚定义的"平坦面加工1"选项,弹出"平坦面加工1"对话框,由于已继承了上道工序的设置,所以工序坐标系已确定为"正面"坐标系,无须再次设置。

图 3.1.30　插入"平坦面加工 1"工序

图 3.1.31　继承设置

【选择特征】

在"特征"选项框中选择"坯料",单击"移除"按钮,此时加工特征序列仅余"零件"作为加工特征。

注意:因本道工序是开粗工序后的精铣平面加工,故只需要"零件"作为加工特征就可以。

【刀具与速度进给】

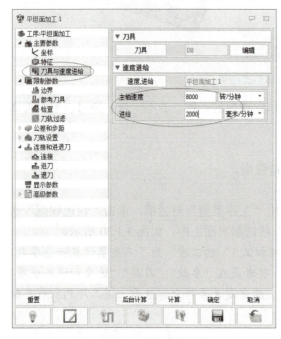

单击"刀具与速度进给"选项,本道工序继续使用 D8 刀具,但需要按照表 3.1.1 数控加工工艺卡中第 2 道工序的切削用量进行设置,如图 3.1.32 所示。

注意:粗加工追求的是快速切出多余材料,而精加工追求的是表面质量,因此两者的切削用量设置是不同的。但无论如何设置,都要兼顾刀具、材料、机床三者的平衡,以最大效率地发挥机床性能。为实现这一要求,用户可以查询机械切削加工手册中的经验公式。

【公差和步距】

单击"公差和步距"选项,将"刀轨公差"设置为 0.01mm,"曲面余量"总体设置为 0mm,"步进"设置为 60%,如图 3.1.33 所示。

注意:图 3.1.33 中"刀轨公差"指的是刀具路径的精度值,其中粗加工的精度值为 0.1mm,而精加工的精度值要高一些,此处为 0.01mm。由于是精加工,所以"曲面余量"总体设置为 0mm。

图 3.1.32　刀具与速度进给

情境 3　产品创意与数控加工

【连接和进退刀】

单击"连接和进退刀"选项，将"进刀类型"和"退刀类型"均定义为圆弧直线，"进刀圆弧类型"和"退刀圆弧类型"均定义为水平，如图 3.1.34 所示。

图 3.1.33　公差和步距

图 3.1.34　连接和进退刀

设置好所有参数，单击"后台计算"按钮后，本道工序开始后台计算，如图 3.1.35 所示，仅需 8 秒即可完成计算。

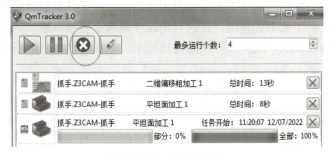

图 3.1.35　后台计算

注意： 若同道工序进行了多次后台计算，则会出现多行数据，此时可以保留最后一次计算的数据，其他数据可以用删除键删除。

后台计算完毕后，选择"3 轴快速铣削"→"工具"→"后台计算输入"选项，"平坦面加工 1"刀具路径显示出来，如图 3.1.36 所示。

注意： 双击"计划管理"→"工序"→"平坦面加工 1"前面的图标可以隐藏刀具路径，而单击图标左边的右三角可以将工序展开或折叠，这样会使工序界面简洁一些，方便后续的操作。

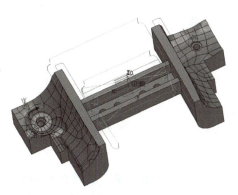

图 3.1.36　"平坦面加工 1"刀具路径

（2）实体仿真：平坦面加工1。

在"计划管理"→"平坦面加工1"工序上右击，在弹出的快捷菜单中选择"实体仿真"选项，弹出"实体仿真进程"对话框，单击"播放"按钮，发现系统出现碰撞提示，如图3.1.37所示。

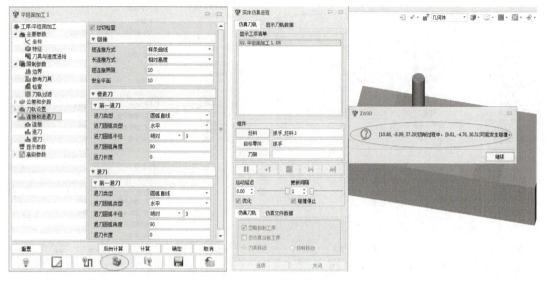

图 3.1.37　碰撞提示

下面分析发生碰撞的原因。一方面，我们没有运行开粗程序，因此需要重新模拟刀具路径；另一方面，由于本道工序是平面精加工，因此Z轴方向和侧面加工余量都应被设置为0mm。由于在前道粗加工工序中已将侧面加工余量设置为0.3mm，如果此处直接将侧面加工余量设置为0mm，则会出现从上到下扎刀的情况，在这种情况下系统会直接报错，因此可以将精加工的侧面加工余量也设置为0.3mm，这样可以消除碰撞提示，得到如图3.1.38所示的实体仿真结果。

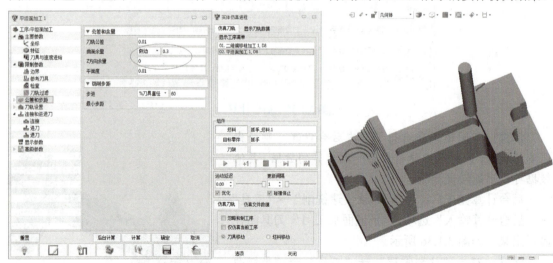

图 3.1.38　实体仿真结果

3）正面铣曲面：三维偏移切削1

本道工序是对"抓手"接触面进行第一次曲面铣削。

(1) 定义工序：三维偏移切削 1。

双击"计划管理"下的"工序"选项，弹出"工序类型"对话框，单击"快速铣削"选项卡，选择"三维偏移切削"即可插入"三维偏移切削 1"曲面铣削工序，如图 3.1.39 所示。

图 3.1.39　插入"三维偏移切削 1"工序

注意："三维偏移切削 1"工序用于加工曲面，选择的刀具为 D8R4（端铣刀）。由于接触面曲面形状比较复杂，仅用这一把刀很难加工到位，因此在下道工序中还需要用更小的 D4R2 刀具进一步加工该曲面，使曲面更加符合模型初始设计。

【继承"正面"坐标系】

双击刚刚定义的"三维偏移切削 1"选项，弹出"三维偏移切削 1"对话框，由于已继承了上道工序的设置，所以工序坐标系已确定为"正面"坐标系，无须再次设置。

【选择特征】

由于本道工序仅加工接触面，故在"特征"选项框中除需要添加"零件"作为加工特征外，还需要添加接触面的外边界，即"轮廓"，以限制刀具的加工范围，如图 3.1.40 所示。

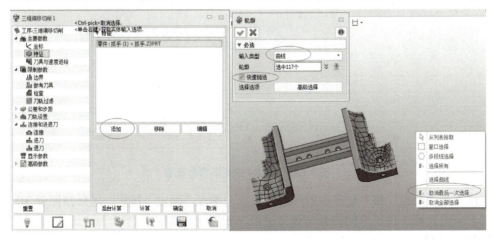

图 3.1.40　添加"轮廓"特征

注意：在添加"轮廓"时，可以勾选"快速链选"复选框，这样只需单击一条线就可以将与之相连的线一起选中，提高效率。若不小心选错某条线，则可以单击右键，在弹出的快捷菜单中选择"取消最后一次选择"选项，或者选择"取消全部选择"选项重新进行选择。

（2）刀具与速度进给。

单击"刀具与速度进给"选项，单击"刀具"按钮，弹出"刀具"对话框。本道工序所用刀具为 D8R4（端铣刀），在"造型"选项卡中设置 D8R4 相关参数，如图 3.1.41 所示。

在"更多参数"选项卡中设置 D8R4 的刀位号、D 寄存器（号）、H 寄存器（号）均为 2，也就是第 2 把刀具，如图 3.1.42 所示。

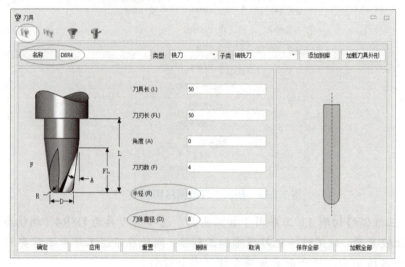

图 3.1.41　设置 D8R4 相关参数

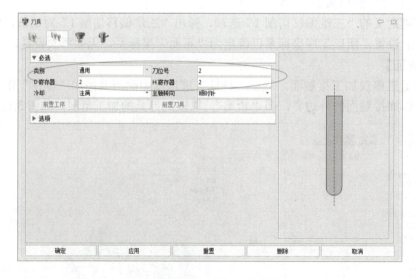

图 3.1.42　D8R4 的更多参数设置

完成刀具"造型"和"更多参数"的设置后，单击"确定"按钮，随后按照表 3.1.1 数控加工工艺卡设置第 3 道工序的刀具与速度进给，如图 3.1.43 所示。

【限制参数】

单击"限制参数"选项，将"限制类型"设置为轮廓，如图 3.1.44 所示。

情境 3　产品创意与数控加工

图 3.1.43　刀具与速度进给

图 3.1.44　限制参数

注意："限制参数"是用来限制刀具走刀区域的。

【公差和步距】

单击"公差和步距"选项，将"步进"设置为 0.3mm，如图 3.1.45 所示。

注意：图 3.1.45 中"步进"指 XY 平面内两个相邻刀路的最小间距，间距值越大，加工越粗糙，给下道工序留的加工余量越大。

【连接和进退刀】

单击"连接和进退刀"选项，将"短连接方式"定义为在曲面上，"进刀类型"和"退刀类型"均定义为螺线，如图 3.1.46 所示。

图 3.1.45　公差和步距

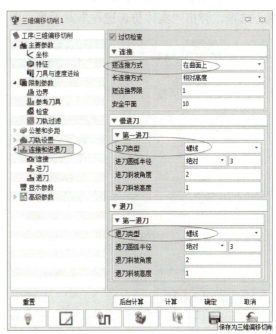

图 3.1.46　连接和进退刀

注意： 在图 3.1.46 中，设置"短连接方式"为在曲面上可以节省上下刀的时间，设置"进刀类型"和"退刀类型"均为螺线可以减少刀具的损耗，但会增加加工的时间。

设置好所有参数，单击"计算"按钮后，"三维偏移切削 1"刀具路径显示出来，如图 3.1.47 所示。

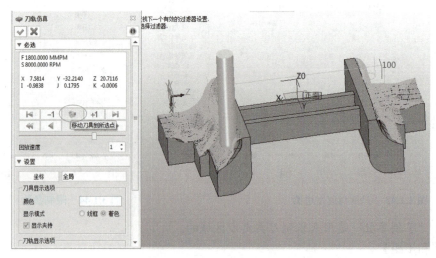

图 3.1.47　"三维偏移切削 1"刀具路径

注意： 在"计划管理"→"三维偏移切削 1"工序上右击，在弹出的快捷菜单中选择"仿真"选项，单击"移动刀具到所选点"按钮，将光标移动到想要观察的位置后单击，用户即可观察刀具到达这个刀具路径点的姿态，从而判断路径是否达到预期。

（3）实体仿真：三维偏移切削 1。

在"计划管理"→"三维偏移切削 1"工序上右击，在弹出的快捷菜单中选择"实体仿真"选项，弹出"实体仿真进程"对话框，单击"播放"按钮，得到实体仿真结果。

图 3.1.48　实体仿真结果

注意：当工序比较多时，可以在实体仿真中通过"选项"→"使用预定义颜色"来设置不同工序的加工结果显示不同的颜色，从而对不同工序加以区分。

4）正面再铣曲面：三维偏移切削2

本道工序是对抓手接触面进行第二次曲面铣削，目的是使抓手接触面更加贴近汽车点火器开关支架外形。

（1）定义工序：三维偏移切削2。

由于本道工序的设置与上道工序大致相同，因此我们直接复制上道工序，对不同的参数进行个别修改就可以。具体做法如下。

右击"计划管理"下的"三维偏移切削1"选项，在弹出的快捷菜单中选择"重复"选项，此时工序下多了一个"三维偏移切削2"，如图3.1.49所示。

图3.1.49 重复"三维偏移切削1"工序

【刀具与速度进给】

单击"刀具与速度进给"选项，单击"刀具"按钮，弹出"刀具"对话框。本道工序所用刀具为D4R2（端铣刀），在"造型"选项卡中设置D4R2相关参数，如图3.1.50所示。

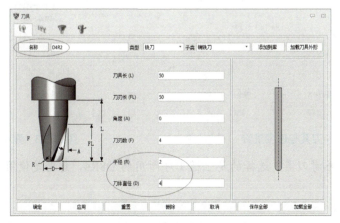

图3.1.50 设置D4R2相关参数

在"更多参数"选项卡中设置D4R2的刀位号、D寄存器(号)、H寄存器(号)均为3,也就是第3把刀具,如图3.1.51所示。

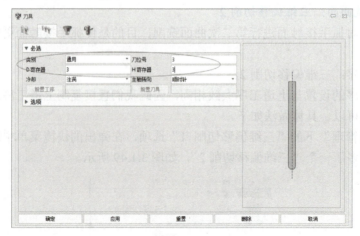

图 3.1.51 D4R2 的更多参数设置

完成刀具"造型"和"更多参数"的设置后,单击"确定"按钮,随后按照表3.1.1数控加工工艺卡设置第4道工序的刀具与速度进给,如图3.1.52所示。

【限制参数】

单击"限制参数"选项,将"参考刀具"设置为D8R4,"最小残料厚度"设置为0.08mm,如图3.1.53所示。

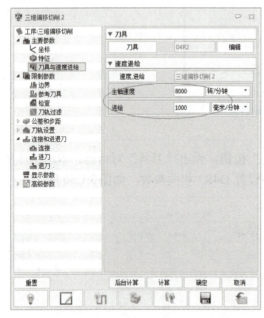

图 3.1.52 刀具与速度进给 　　　　　图 3.1.53 限制参数

注意:此处"参考刀具"选择的是上道工序所用的D8R4,意思是使用上把刀具再次铣削曲面。

【公差和步距】

单击"公差和步距"选项,将"步进"设置为0.08mm,如图3.1.54所示。

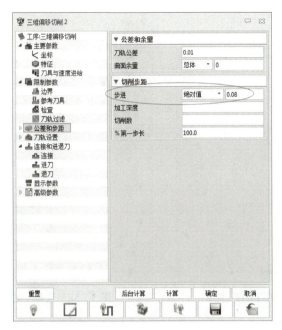

图 3.1.54 公差和步距

设置好所有参数,单击"计算"按钮后,"三维偏移切削 2"刀具路径显示出来,如图 3.1.55 所示。

(2)实体仿真:三维偏移切削 2。

在"计划管理"→"三维偏移切削 2"工序上右击,在弹出的快捷菜单中选择"实体仿真"选项,弹出"实体仿真进程"对话框,单击"播放"按钮,得到如图 3.1.56 所示的实体仿真结果。

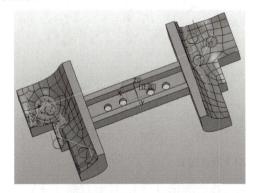

图 3.1.55 "三维偏移切削 2"刀具路径

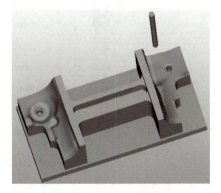

图 3.1.56 实体仿真结果

5)正面钻孔:啄钻 1

本道工序是对抓手接触面中两个吹气孔、四个连接孔进行钻削。

(1)定义工序:啄钻 1。

双击"计划管理"下的"工序"选项,弹出"工序类型"对话框,单击"钻孔"选项卡,选择"啄钻"即可插入"啄钻 1"钻孔工序,如图 3.1.57 所示。

【选择特征】

单击"特征"选项,移除"轮廓",仅保留"零件"特征,如图 3.1.58 所示。

图 3.1.57　插入"啄钻 1"工序

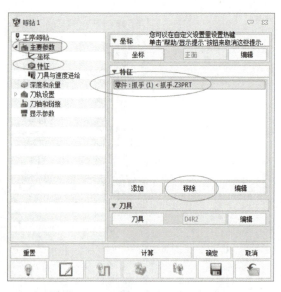
图 3.1.58　选择"零件"作为加工特征

【刀具与速度进给】

单击"刀具与速度进给"选项，单击"刀具"按钮，弹出"刀具"对话框。本道工序所用刀具为 Z4.2（普通钻），在"造型"选项卡中设置 Z4.2 相关参数，如图 3.1.59 所示。

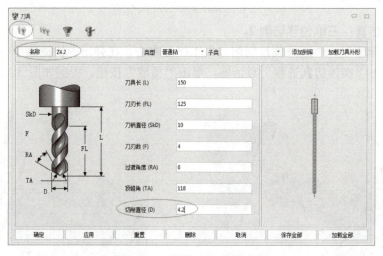
图 3.1.59　设置 Z4.2 相关参数

在"更多参数"选项卡中设置 Z4.2 的刀位号、D 寄存器（号）、H 寄存器（号）均为 4，也就是第 4 把刀具，如图 3.1.60 所示。

完成刀具"造型"和"更多参数"的设置后，单击"确定"按钮，随后按照表 3.1.1 数控加工工艺卡设置第 5 道工序的刀具与速度进给，如图 3.1.61 所示。

【深度和余量】

单击"深度和余量"选项，将"钻孔参考深度"设置为孔尖，也就是定义刀具的深度基准点为孔尖，如图 3.1.62 所示。

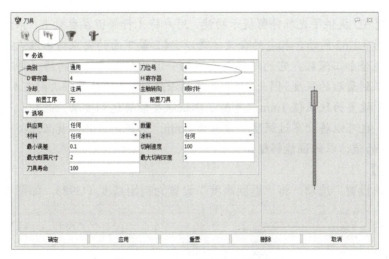

图 3.1.60　Z4.2 的更多参数设置

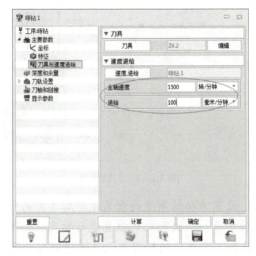

图 3.1.61　刀具与速度进给

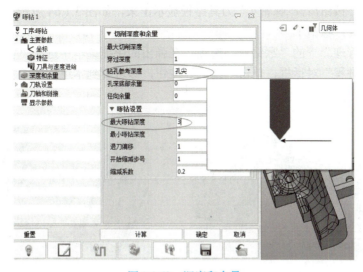

图 3.1.62　深度和余量

注意： 中望3D提供了光标停留提示功能，用户将光标停留在参数上，系统就会提示该参数的含义，如图3.1.62所示，孔尖的含义就是以Z4.2最下面的尖点为基准点来定义加工的深度。啄钻工序适合加工深孔，它的路径是先下切一定的深度后抬刀排屑，再下刀切削加工，重复多次以加工到最后的深度。因此，"最大啄钻深度"定义的就是每次向下加工的最大深度。将"穿过深度"设置为默认值1mm，是为了保证深度能够达到要求。此处吹气孔是盲孔，如果对刀比较准，也可以将"穿过深度"设置为0mm；如果是通孔，就必须将"穿过深度"设置为大于0mm的值，以保证能够钻穿。

【刀轨设置】

单击"刀轨设置"选项，将"返回高度"设置为初始高度（G98），如图3.1.63所示。

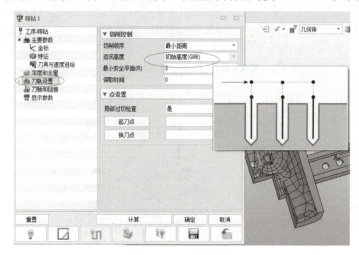

图3.1.63　刀轨设置

注意： 将"返回高度"设置为初始高度的含义是当加工完第一个吹气孔时，刀具先抬高到初始高度的平面，再移动到另一个吹气孔的位置进行钻孔。如果这两个孔在一个平面上，且中间无障碍，就可以将孔加工完成后的抬刀点设置为返回安全平面（G99），此时刀具就不需要抬到初始平面那么高了。

单击"计算"按钮后，"啄钻1"刀具路径显示出来，如图3.1.64所示。

（2）实体仿真：啄钻1。

右击"计划管理"下的"啄钻1"选项，在弹出的快捷菜单中选择"实体仿真"选项，弹出"实体仿真进程"对话框，单击"播放"按钮，即可看到本道工序的实体仿真结果，如图3.1.65所示。

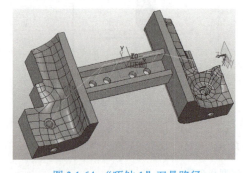

图3.1.64　"啄钻1"刀具路径

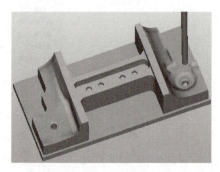

图3.1.65　实体仿真结果

6）反面开粗：二维偏移粗加工 2

将坯料向后旋转 180°后前后装夹（坯料平放，装夹 125mm 长边），本道工序是对抓手下表面外形、软爪反向圆角等部位进行粗铣削。

（1）定义工序：二维偏移粗加工 2。

双击"计划管理"下的"工序"选项，弹出"工序类型"对话框，单击"快速铣削"选项卡，选择"二维偏移"即可插入"二维偏移粗加工 2"开粗工序。

【选择坐标】

双击刚刚定义的"二维偏移粗加工 2"选项，弹出"二维偏移粗加工 2"对话框，从上到下依次定义坐标、特征等。

单击"坐标"→"管理"选项，同定义"正面"坐标系操作类似，定义"反面"坐标系，如图 3.1.66 所示。

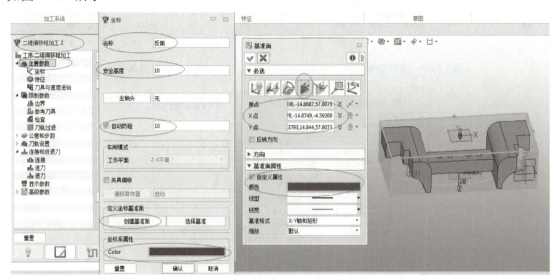

图 3.1.66 定义"反面"坐标系

注意：当定义"反面"坐标系时，先将零件向后旋转 180°，再将坯料显示出来，以便将"反面"坐标系定义在坯料上表面中心处。

【选择特征】

由于反面还有坯料剩余材料要加工，因此"零件"和"坯料"都要选择。单击"特征"选项，选择"零件"和"坯料"，单击"确定"按钮，将抓手和坯料添加到加工特征序列中，如图 3.1.67 所示。

【刀具与速度进给】

本道工序所用刀具为 D8（端铣刀），在第 1 道工序中已经定义过，所以直接选择就可以。随后按照表 3.1.1 数控加工工艺卡设置第 6 道工序的刀具与速度进给，如图 3.1.68 所示。

【限制参数】

单击"限制参数"选项，单击"底部"按钮，将加工抓手的最低位置进行限制，以防加工到夹具上。另外，将"限制刀具中心在坯料边界内"设置为是，以避免重复加工到零件四周，如图 3.1.69 所示。

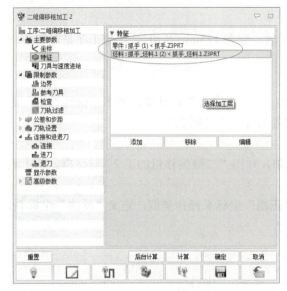

图 3.1.67　选择特征　　　　　图 3.1.68　刀具与速度进给

图 3.1.69　限制参数

【公差和步距】

单击"公差和步距"选项,将"曲面余量"侧边设置为 0mm,"Z 方向余量"设置为 0.3mm,"步进"设置为 60%,"下切步距"设置为 2mm,也就是每层切深 2mm,如图 3.1.70 所示。

【刀轨设置】

设置同步加工层,如图 3.1.71 所示。

注意:"同步加工层"设置主要是看有几个平面,将加工平面的位置都设置为平面加工层。因此,本道工序定义 2 个相应的同步加工层平面上的点。

【连接和进退刀】

单击"连接和进退刀"选项,将"进刀类型"和"退刀类型"均定义为沿刀轨斜向,"进刀斜坡角度"和"退刀斜坡角度"均定义为 5°,"进刀斜坡高度"和"退刀斜坡高度"均定义为 2.1mm,如图 3.1.72 所示。

情境 3　产品创意与数控加工

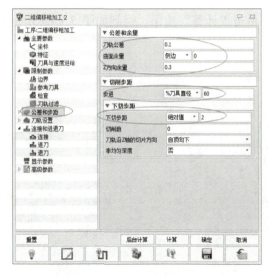

图 3.1.70　公差和步距

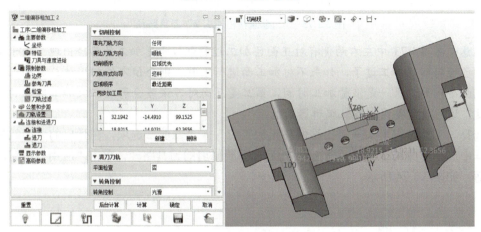

图 3.1.71　设置同步加工层

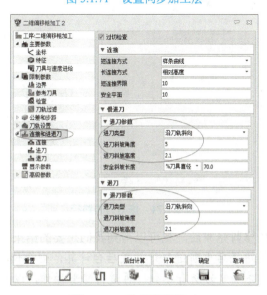

图 3.1.72　连接和进退刀

定义好所有参数后，单击"计算"按钮，得到如图 3.1.73 所示的"二维偏移粗加工 2"刀具路径。

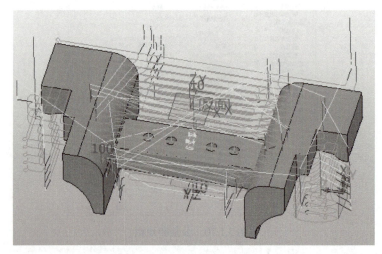

图 3.1.73　"二维偏移粗加工 2"刀具路径

注意： 图 3.1.73 中左右两侧有对正面已加工过的部位重复加工的路径出现。由于正面粗加工时已经将四周加工过了，如果不对加工面进行限制，则会使零件四周被二次加工。这样会出现两个问题：第一是浪费加工时间，第二是反面对刀误差会影响二次加工部位的尺寸和粗糙度。这时就需要用到刀轨编辑器功能。

选择"刀轨编辑器"→"二维偏移粗加工 2"→"修剪"选项，在弹出的"刀轨修剪"对话框中选择修剪类型，如"框选"，然后选择要修剪的刀具路径，单击"应用"按钮即可实现修剪，如图 3.1.74 所示。

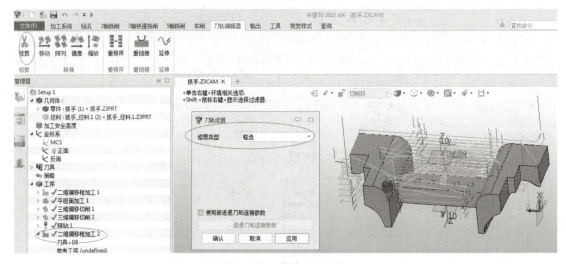

图 3.1.74　修剪刀具路径

将左右两侧刀具路径修剪完成后，就可以得到我们想要的结果，如图 3.1.75 所示。

注意： 如果修剪刀具路径后重新进行计算或后台计算，则会使修剪的刀具路径被重新计算出来。因此，用户可以先确定好所有参数，再进行修剪操作，以避免重复无用的工作。

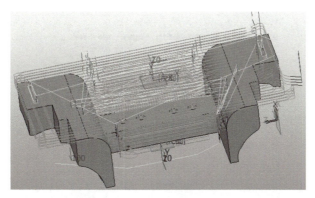

图 3.1.75　修剪完成的"二维偏移粗加工 2"刀具路径

（2）实体仿真：二维偏移粗加工 2。

右击"计划管理"下的"二维偏移粗加工 2"选项，在弹出的快捷菜单中选择"实体仿真"选项，弹出"实体仿真进程"对话框，单击"播放"按钮，即可看到本道工序的实体仿真结果，如图 3.1.76 所示。

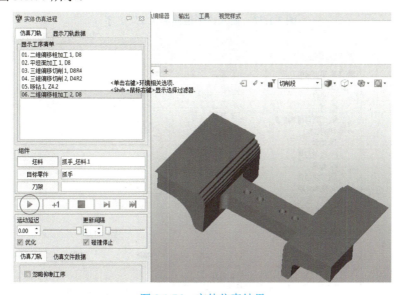

图 3.1.76　实体仿真结果

7）反面铣平面：平坦面加工 2

本道工序是对抓手上表面及槽底平面进行精铣削。

（1）定义工序：平坦面加工 2。

双击"计划管理"下的"工序"选项，弹出"工序类型"对话框，单击"快速铣削"选项卡，选择"平坦"即可插入"平坦面加工 2"精铣削平面工序，如图 3.1.77 所示。

（2）选择"反面"坐标系。

双击刚刚定义的"平坦面加工 2"选项，弹出"平坦面加工 2"对话框，单击"坐标"选项，选择"反面"坐标系。

【选择特征】

在"特征"选项框中选择"坯料"，单击"移除"按钮，此时加工特征序列中仅余"零件"作为加工特征，如图 3.1.78 所示。

图 3.1.77 插入"平坦面加工 2"工序

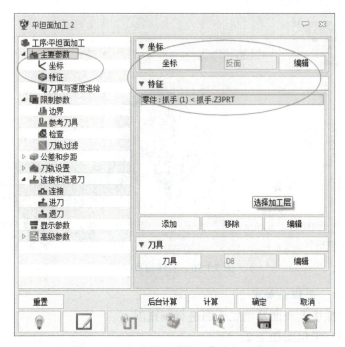

图 3.1.78 仅选择"零件"作为加工特征

【刀具与速度进给】

单击"刀具与速度进给"选项,本道工序继续使用 D8(端铣刀),但需要按精铣时的切削用量进行设置,如图 3.1.79 所示。

【公差和步距】

单击"公差和步距"选项,将"刀轨公差"设置为 0.01mm,"曲面余量"总体设置为 0mm,"步进"设置为 60%,如图 3.1.80 所示。

情境 3　产品创意与数控加工

图 3.1.79　刀具与速度进给

图 3.1.80　公差和步距

【连接和进退刀】

单击"连接和进退刀"选项,将"进刀类型"和"退刀类型"均定义为圆弧直线,将"进刀圆弧类型"和"退刀圆弧类型"均定义为水平,如图 3.1.81 所示。

设置好所有参数,单击"计算"按钮后,"平坦面加工 2"刀具路径显示出来,如图 3.1.82 所示。

图 3.1.81　连接和进退刀

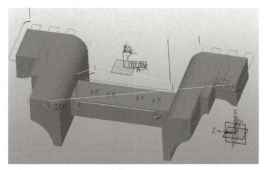

图 3.1.82　"平坦面加工 2"刀具路径

— 175 —

（3）实体仿真：平坦面加工 2

在"计划管理"→"平坦面加工 2"工序上右击，在弹出的快捷菜单中选择"实体仿真"选项，弹出"实体仿真进程"对话框，单击"播放"按钮，得到如图 3.1.83 所示的实体仿真结果。

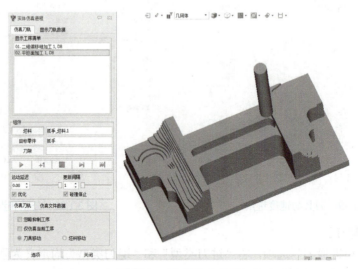

图 3.1.83　实体仿真结果

8）反面铣曲面：平行铣削 1

本道工序是对抓手反面圆角进行曲面铣削，由于加工部位是简单的圆弧开放面，因此采用平行铣削比较省时。

（1）定义工序：平行铣削 1。

双击"计划管理"下的"工序"选项，弹出"工序类型"对话框，单击"快速铣削"选项卡，选择"平行铣削"即可插入"平行铣削 1"曲面铣削工序，如图 3.1.84 所示。

图 3.1.84　插入"平行铣削 1"工序

（2）选择"反面"坐标系。

双击刚刚定义的"平行铣削 1"选项，弹出"平行铣削 1"对话框，单击"坐标"选项，选择"反面"坐标系。

【选择特征】

由于本道工序仅加工圆角，故在"特征"选项框中除需要添加"零件"作为加工特征外，还需要添加圆角面的外边界，即"轮廓"，以限制刀具的加工范围，如图 3.1.85 所示。

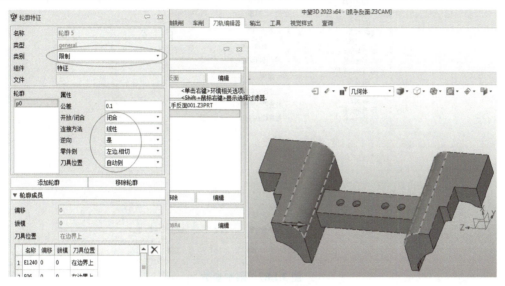

图 3.1.85 添加"轮廓"特征

【刀具与速度进给】

单击"刀具与速度进给"选项，单击"刀具"按钮，弹出"刀具"对话框，选择 D8R4。

完成刀具选择后，单击"确定"按钮，随后按照表 3.1.1 数控加工工艺卡设置第 8 道工序的刀具与速度进给，如图 3.1.86 所示。

图 3.1.86 刀具与速度进给

【限制参数】

单击"限制参数"选项,将"限制类型"设置为刀触点,如图 3.1.87 所示。

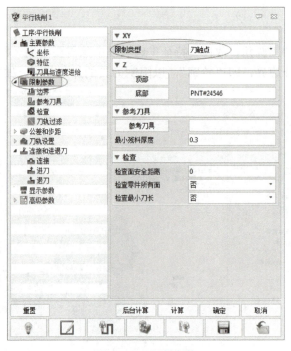

图 3.1.87　限制参数

【公差和步距】

单击"公差和步距"选项,将"步进"设置为 0.3mm,如图 3.1.88 所示。

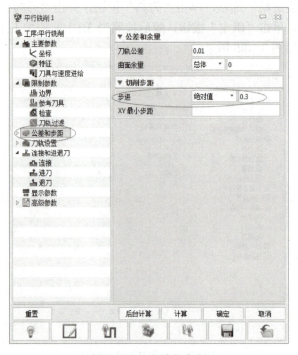

图 3.1.88　公差和步距

【刀轨设置】

单击"刀轨设置"选项,将"切削方向"设置为左,"刀轨角度"设置为90°,如图3.1.89所示。

注意:图3.1.89中"切削方向"指刀具进退刀的方向,为了让刀具切入/切出时有一定的延长,避免产生刀痕,故设置左向进退刀,当然也可以设置右向进退刀;"刀轨角度"指刀具路径与X轴的夹角,此处因为前后方向是开放的,所以将"刀轨角度"设置为90°。

【连接和进退刀】

单击"连接和进退刀"选项,将"短连接方式"定义为在曲面上,"进刀类型"和"退刀类型"均定义为圆弧直线,"进刀圆弧类型"和"退刀圆弧类型"均定义为垂直,"进刀长度"和"退刀长度"均设置为3mm,如图3.1.90所示。

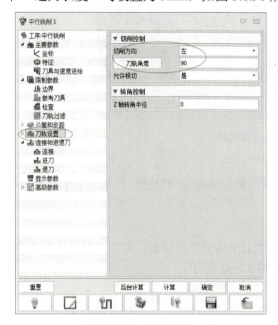

图3.1.89 刀轨设置

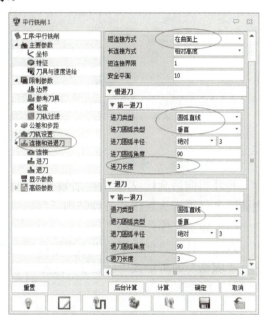

图3.1.90 连接和进退刀

注意:在图3.1.90中,将进退刀长度设置为3mm是为了让刀具路径在前后两侧有所延长,从而保证所有的面都能够被加工到。

设置好所有参数,单击"计算"按钮后,"平行铣削1"刀具路径显示出来,如图3.1.91所示。

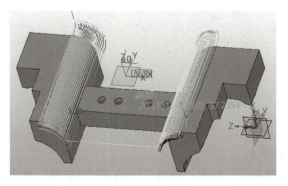

图3.1.91 "平行铣削1"刀具路径

(3)实体仿真:平行铣削1。

在"计划管理"→"平行铣削 1"工序上右击,在弹出的快捷菜单中选择"实体仿真"选项,弹出"实体仿真进程"对话框,单击"播放"按钮,得到如图 3.1.92 所示的实体仿真结果。

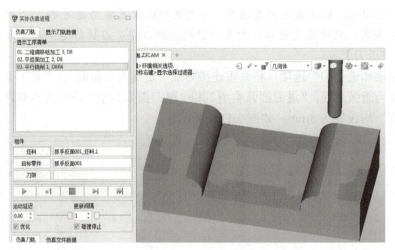

图 3.1.92　实体仿真结果

9)侧面钻孔:啄钻 2

将坯料向后旋转 270°后前后装夹(坯料平放,装夹 60mm 中长边),本道工序是对抓手侧面两个气管接头连接孔进行钻削。

(1)定义工序:啄钻 2。

双击"计划管理"下的"工序"选项,弹出"工序类型"对话框,单击"钻孔"选项卡,选择"啄钻"即可插入"啄钻 2"钻孔工序,如图 3.1.93 所示。

图 3.1.93　插入"啄钻 2"工序

【定义"侧面"坐标系】

双击刚刚定义的"啄钻 2"选项,弹出"啄钻 2"对话框,从上到下依次定义坐标、特征等。

选择"坐标"→"管理"选项，同定义"正面"坐标系操作类似，定义"侧面"坐标系，如图 3.1.94 所示。

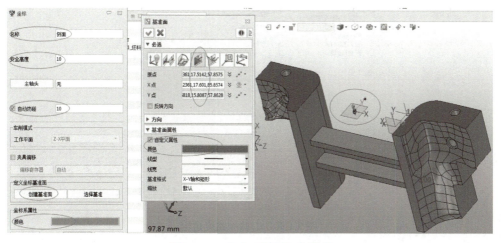

图 3.1.94　定义"侧面"坐标系

注意： 当定义"侧面"坐标系时，先将零件向后旋转 270°。由于侧面已经被加工过了，因此不能再将坯料显示出来，而要选择零件表面上一个便于将来对刀的点作为"侧面"坐标系的原点。用户必须清楚"侧面"坐标系的位置，以便在机床实操时正确定义。

【选择特征】

单击"特征"选项，移除"轮廓"，仅保留"零件"特征。

【刀具与速度进给】

单击"刀具与速度进给"选项，单击"刀具"按钮，弹出"刀具"对话框，选择 Z4.2 刀具。设置完成后，可在"主要参数"中进行查看，如图 3.1.95 所示。

图 3.1.95　主要参数

完成刀具"造型"和"更多参数"的设置后，单击"确定"按钮，随后按照表 3.1.1 数控加工工艺卡设置第 9 道工序的刀具与速度进给，如图 3.1.96 所示。

图 3.1.96　刀具与速度进给

【深度和余量】

单击"深度和余量"选项,"钻孔参考深度"选择孔尖,也就是定义刀具的深度基准点为孔尖,如图 3.1.97 所示。

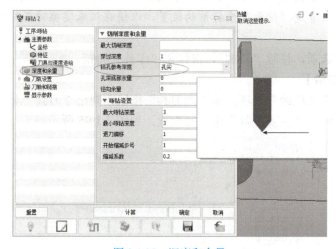

图 3.1.97　深度和余量

【刀轨设置】

单击"刀轨设置"选项,将"返回高度"设置为返回安全平面(G99),如图 3.1.98 所示。

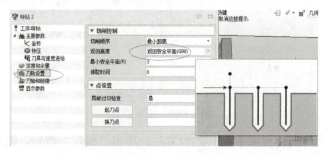

图 3.1.98　刀轨设置

单击"计算"按钮后,"啄钻 2"刀具路径显示出来,如图 3.1.99 所示。

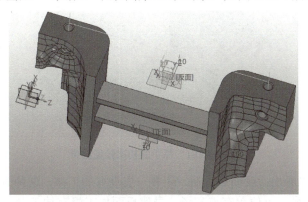

图 3.1.99 "啄钻 2"刀具路径

(2)实体仿真:啄钻 2。

右击"计划管理"下的"啄钻 2"选项,在弹出的快捷菜单中选择"实体仿真"选项,弹出"实体仿真进程"对话框,单击"播放"按钮,即可看到本道工序的实体仿真结果,如图 3.1.100 所示。

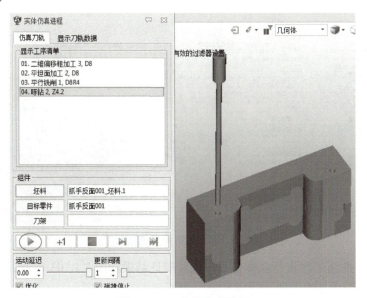

图 3.1.100 实体仿真结果

注意: 加工中心每完成一道工序后,就需要用量具对零件进行检测,若未达到要求,则需要从"人机料法环"五个方面进行原因分析,并找到相应的解决方法。

3. 中望 3D 验证

完成第 1~9 道工序后,对所有工序一起进行验证。

1)初次验证

右击"计划管理"下的"工序"选项,在弹出的快捷菜单中选择"实体仿真"选项,弹出"实体仿真进程"对话框,单击"播放"按钮,在中望 3D 中初次验证抓手的实体仿真结果,如图 3.1.101 所示。

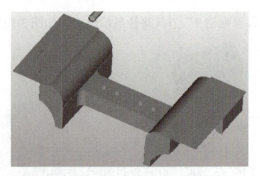

图 3.1.101　抓手的初次验证结果

从图 3.1.101 可以看出：反面加工后，还有一层没有加工掉，这种情况产生的原因在于正面开粗程序中设置的最低点位置有点高了，导致反面加工没有加工到位。在实际加工中，我们要注意这样的问题，如果反面高度方向对刀不准，也会出现这样的问题。

2）最终验证

首先将零件视图方向定义为前面（可以采用"对齐方向"功能），然后在正面开粗工序中单击"底部"按钮，定义加工最低点低于原来的"底部"，如图 3.1.102 所示。注意，"底部"一定要保证在钳口之上。

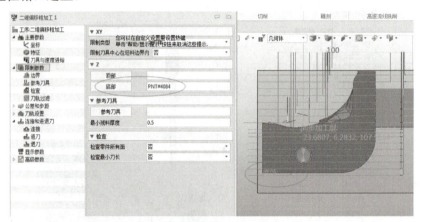

图 3.1.102　重新定义"底部"

重新对第 1～9 道工序进行实体仿真，最终验证结果如图 3.1.103 所示。

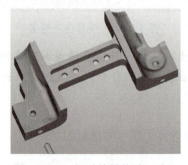

图 3.1.103　抓手的最终验证结果

在加工中心上完成第 1～9 道工序后，用户可以先将零件拆下来，然后转移到钳工台进行后续第 10～13 道工序，即侧面攻丝、锯削、锉削及去毛刺。

4. 生成 NC 程序

中望 3D 验证无误后，就可以导出第 1~9 道工序的 NC 程序了。由于抓手要经过正面、反面和侧面 3 次装夹，因此需要生成 3 个程序，第 1~5 道工序的程序名为%311115（正面程序），第 6~8 道工序的程序名为%311168（反面程序），第 9 道工序的程序名为%311109（侧面程序）。

首先定义加工设备：双击"计划管理"下的"设备"选项，弹出"设备管理器"对话框，将"设备名称"设置为华中 3 轴加工中心，"后置处理器配置"设置为 ZW_HNC-21_22M_3X，单击"确定"按钮，如图 3.1.104 所示。

图 3.1.104　定义加工设备

1）正面程序：%311115

右击"计划管理"下的"输出"选项，在弹出的快捷菜单中选择"CL/NC 设置"选项。在弹出的"输出程序"对话框中将"零件 ID"定义为 311115、"程序名"为正面，"刀轨坐标空间"为正面，"文件夹名"与工作目录相同，如图 3.1.105 所示。

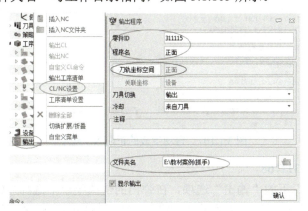

图 3.1.105　正面程序—CL/NC 设置

（1）插入 NC。

右击"计划管理"下的"输出"选项，在弹出的快捷菜单中选择"插入 NC"选项，此时"输出"下面多出一个"%311115"选项。

（2）添加工序。

右击"计划管理"→"输出"→"%311115"选项，在弹出的快捷菜单中选择"添加工序"选项。在弹出的"选择输出工序"对话框中选中第 1～5 道工序后，单击"确认"按钮，如图 3.1.106 所示。

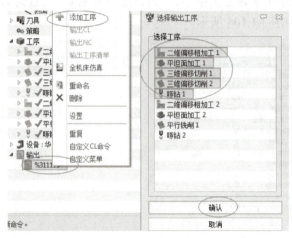

图 3.1.106　添加第 1～5 道工序

（3）输出正面 NC 程序。

右击"计划管理"→"输出"→"%311115"选项，在弹出的快捷菜单中选择"输出 NC"选项，得到自动生成的正面 NC 程序，如图 3.1.107 所示。

图 3.1.107　自动生成的正面 NC 程序

2）反面程序：%311168

右击"计划管理"下的"输出"选项，在弹出的快捷菜单中选择"CL/NC 设置"选项。在弹出的"输出程序"对话框中将"零件 ID"定义为 311168、"程序名"为反面，"刀轨坐标空间"为反面，"文件夹名"与工作目录相同，如图 3.1.108 所示。

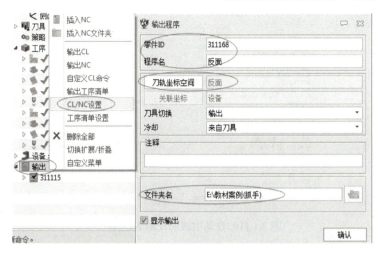

图 3.1.108　反面程序—CL/NC 设置

（1）插入 NC。

右击"计划管理"下的"输出"选项,在弹出的快捷菜单中选择"插入 NC"选项,此时"输出"下面多出一个"%311168"选项。

（2）添加工序。

右击"计划管理"→"输出"→"%311168"选项,在弹出的快捷菜单中选择"添加工序"选项。在弹出的"选择输出工序"对话框中选中第 6～8 道工序后,单击"确认"按钮,如图 3.1.109 所示。

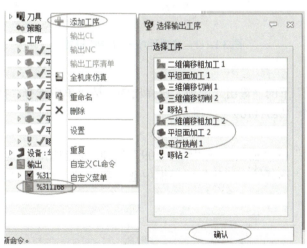

图 3.1.109　添加第 6～8 道工序

（3）输出反面 NC 程序。

右击"计划管理"→"输出"→"%311168"选项,在弹出的快捷菜单中选择"输出 NC"选项,得到自动生成的反面 NC 程序,如图 3.1.110 所示。

3）侧面程序：%311109

右击"计划管理"下的"输出"选项,在弹出的快捷菜单中选择"CL/NC 设置"选项。在弹出的"输出程序"对话框中将"零件 ID"定义为 311109、"程序名"为侧面,"刀轨坐标空间"为侧面,"文件夹名"与工作目录相同,如图 3.1.111 所示。

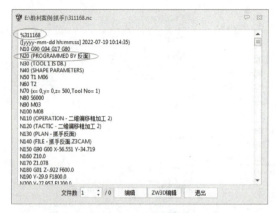

图 3.1.110　自动生成的反面 NC 程序

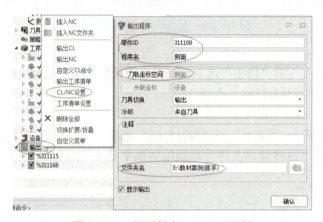

图 3.1.111　侧面程序—CL/NC 设置

（1）插入 NC。

右击"计划管理"下的"输出"选项，在弹出的快捷菜单中选择"插入 NC"选项，此时"输出"下面多出一个"%311109"选项。

（2）添加工序。

右击"计划管理"→"输出"→"%311109"选项，在弹出的快捷菜单中选择"添加工序"选项。在弹出的"选择输出工序"对话框中选中第 9 道工序后，单击"确认"按钮，如图 3.1.112 所示。

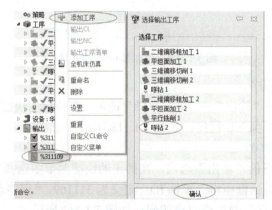

图 3.1.112　添加第 9 道工序

(3) 输出侧面 NC 程序。

右击"计划管理"→"输出"→"%311109"选项,在弹出的快捷菜单中选择"输出 NC"选项,得到自动生成的侧面 NC 程序,如图 3.1.113 所示。

图 3.1.113　自动生成的侧面 NC 程序

下面进行抓手的仿真加工:由于抓手分正面、反面和侧面 3 次装夹,且宇龙数控仿真软件中没有"反面装夹"的功能,因此需要定义 3 个坯料分别进行仿真,限于篇幅,此处只对"正面装夹"进行仿真。

5. 加工中心仿真

选择华中数控加工中心进行第 1～9 道工序的仿真加工。

选择"自动"功能,循环启动后,加工中心的最终仿真结果如图 3.1.114 所示。

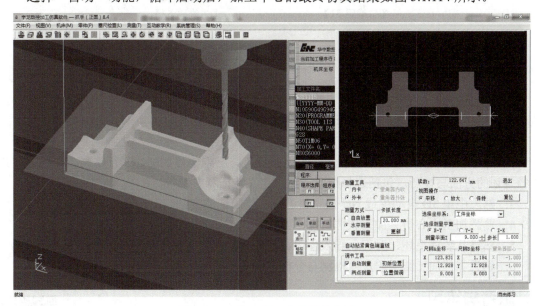

图 3.1.114　加工中心的最终仿真结果

仿真结束后进行零件的检验,任务加工时限为 110 分钟,每超 1 分钟扣 1 分,具体的检验与评分标准如表 3.1.2 所示。

表 3.1.2 检验与评分标准

项　　目	检验要点	配　　分	评分标准及扣分	得　　分	备　　注
主要项目	抓手总长	10 分	误差每大于 0.02mm 扣 3 分，误差大于 0.07mm 该项得分为 0		
	抓手总宽	10 分	误差每大于 0.05mm 扣 2 分，误差大于 0.2mm 该项得分为 0		
	抓手总高	10 分	误差每大于 0.05mm 扣 2 分，误差大于 0.07mm 该项得分为 0		
	吹气孔	10 分	误差每大于 0.02mm 扣 3 分，误差大于 0.07mm 该项得分为 0		
	M5 连接孔	10 分	误差每大于 0.05mm 扣 2 分，误差大于 0.2mm 该项得分为 0		
	气管接头连接孔	10 分	误差每大于 0.05mm 扣 2 分，误差大于 0.07mm 该项得分为 0		
	软爪接触面	10 分	目测		
一般项目	抓手背面圆角	10 分	每错一处扣 2 分		
	对刀操作、补偿值正确	10 分	每错一处扣 2 分		
	表面质量	10 分	每处加工残余、划痕扣 2 分		
用时	规定时间之内（110 分钟）		超时扣分，每超 1 分钟扣 1 分		
总分（100 分）					

【二维码 51】

【二维码 52】

任务小结

通过本任务的学习，我们了解了数控加工厂家在仅收到客户关于某个新产品的描述后，从数控加工工艺的角度进行产品设计及数控加工的过程与方法。

1. 熟悉中望 3D 的操作界面。
2. 熟悉中望 3D 二维偏移粗加工、平坦面加工、三维偏移切削、平行铣削、啄钻等刀具路径规划的方法与技巧，包括选择配置刀具、定义特征和参数等。
3. 熟悉中望 3D 自动生成 NC 程序和进行实体验证的方法。
4. 熟悉加工中心仿真加工软件的操作方法。
5. 熟悉从装夹毛坯、对刀、导入程序、程序模拟、仿真加工到零件检验的整个过程。
6. 熟悉零件加工结果的尺寸检测与分析方法。

思考与练习

一、电动雕刻笔外壳及便携套的设计与数控加工

具体客户创意、创意分析及产品合格标准等内容可以扫码获取。

【二维码 53】

二、车载吸尘器鸭嘴的设计与数控加工

具体客户创意、创意分析及产品合格标准等内容可以扫码获取。

三、遥控电动玩具汽车的设计与数控加工

具体客户创意、创意分析及产品合格标准等内容可以扫码获取。

【二维码 54】

【二维码 55】

【二维码 56】

数控加工工单
齿轮减速箱零部件加工与装配验证

通过一周左右的校内生产性实训，完成齿轮减速箱各零部件的数控加工与装配验证，齿轮减速箱如图 0.1 所示。

图 0.1　齿轮减速箱

项目 1　轴套类零件的数控加工

本项目采用数控车床完成齿轮减速箱中轴套类零件的数控加工，数控车床如图 1.1 所示。

图 1.1　数控车床

加工任务单 1.1　从动轴

班级_____　组别_____　工位_____　加工人员_____　生产日期_____

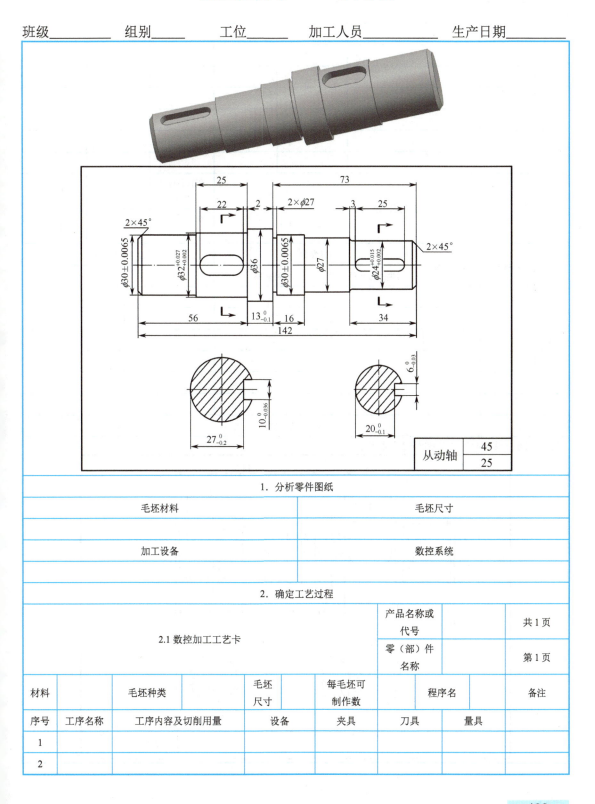

1. 分析零件图纸			
毛坯材料		毛坯尺寸	
加工设备		数控系统	

2. 确定工艺过程

2.1 数控加工工艺卡					产品名称或代号		共1页
					零(部)件名称		第1页
材料	毛坯种类		毛坯尺寸	每毛坯可制作数	程序名		备注
序号	工序名称	工序内容及切削用量	设备	夹具	刀具	量具	
1							
2							

续表

序号	工序名称	工序内容及切削用量	设备	夹具	刀具	量具
3						
4						
5						
6						
7						
8						
9						
10						

2.2 刀具调整卡

产品名称或代号	共 1 页
零（部）件名称	第 1 页

序号	刀具号	刀具名称	刀具参数		刀具补偿地址	
			刀尖圆弧半径	刀杆规格	半径	形状
1						
2						
3						
4						
5						
6						

3. 数值计算

确定工件坐标系原点后计算编程时各基点的坐标：

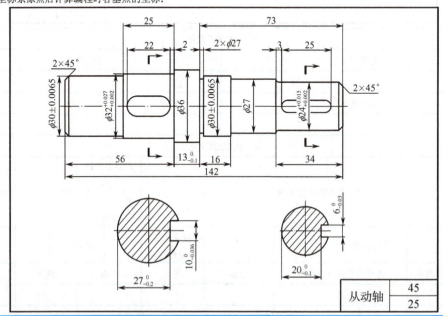

从动轴 45 / 25

续表

4. 编写程序			
程序 1	程序说明	程序 2	程序说明

5. NC 程序调试与检验
记录程序调试的步骤与检验结果：

6. 零件检测与装配验证				
项目	检验要点	配分	评分标准及扣分	得分
主要项目	外径尺寸 ϕ24mm	5 分	误差每大于 0.05mm 扣 2 分，误差大于 0.1mm 该项得分为 0	
	外径尺寸 ϕ30mm	5 分	误差每大于 0.05mm 扣 2 分，误差大于 0.1mm 该项得分为 0	
	外径尺寸 ϕ32mm	5 分	误差每大于 0.05mm 扣 2 分，误差大于 0.1mm 该项得分为 0	
	倒角尺寸 2×45°（2 处）	5 分	每处 2 分	
	圆角 R1.5mm	5 分	误差每大于 0.05mm 扣 2 分，误差大于 0.1mm 该项得分为 0	
	零件总长 142mm	5 分	误差每大于 0.05mm 扣 2 分，误差大于 0.1mm 该项得分为 0	
	ϕ36mm 外圆长度 13mm	5 分	误差每大于 0.05mm 扣 2 分，误差大于 0.1mm 该项得分为 0	
	其他尺寸	10 分	每处 2 分	
一般项目	程序无误，图形轮廓正确	10 分	每错一处扣 2 分	
	对刀操作、补偿值正确	10 分	每错一处扣 2 分	
	表面质量	5 分	每处加工残余、划痕扣 2 分	
工具、量具、刀具的使用与维护	常用工具、量具、刀具的合理使用	5 分	使用不当每次扣 2 分	
	正确使用夹具	5 分	使用不当每次扣 2 分	
设备的使用与维护	能读懂报警信息，排除常规故障	5 分	操作不当每项扣 2 分	
	数控机床规范操作	5 分	未按规范操作不得分	

续表

项目	检验要点	配分	评分标准及扣分	得分
安全文明生产	正确执行安全技术操作规程、清扫机床	5分	每违反一项规定扣2分	
装配验证	能安装到生产线上正常工作	5分	不满足要求扣5分	
用时	规定时间之内（60分钟）		每超5分钟扣2分	
总分（100分）				
检验员		检验结论		检验日期	
评价	个人自评（20分)		小组互评（30分）	教师评价（50分）	总体评价
分析改进					

加工任务单 1.2　大透盖

班级_____　组别_____　工位_____　加工人员_____　生产日期_____

端盖	HT150
	23

1. 分析零件图纸

毛坯材料		毛坯尺寸	
加工设备		数控系统	

2. 确定工艺过程

2.1 数控加工工艺卡					产品名称或代号			共1页
					零(部)件名称			第1页
材料		毛坯种类		毛坯尺寸		每毛坯可制作数	程序名		备注
序号	工序名称	工序内容及切削用量			设备	夹具	刀具	量具	
1									
2									
3									
4									
5									
6									

续表

				产品名称或代号		共1页
		2.2 刀具调整卡		零（部）件名称		第1页

序号	刀具号	刀具名称	刀具参数		刀具补偿地址	
			刀尖圆弧半径	刀杆规格	半径	形状
1						
2						
3						

3. 刀具路径规划

序号	刀具路径	加工内容	备注
1			
2			
3			
4			
5			
6			

4. NC程序调试与检验

记录程序调试的步骤与检验结果：

5. 零件检测与装配验证

项目	检验要点	配分	评分标准及扣分	得分
主要项目	ϕ54mm 外圆轮廓	5分	误差每大于0.05mm扣2分，误差大于0.1mm该项得分为0	
	ϕ62mm 外圆轮廓	5分	误差每大于0.05mm扣2分，误差大于0.1mm该项得分为0	
主要项目	ϕ68mm 外轮廓槽	5分	误差每大于0.05mm扣2分，误差大于0.1mm该项得分为0	
	ϕ30mm 内孔廓槽	5分	误差每大于0.05mm扣2分，误差大于0.1mm该项得分为0	
	宽度16mm	5分	误差每大于0.05mm扣2分，误差大于0.1mm该项得分为0	
	ϕ46mm 内孔槽	4分	误差每大于0.05mm扣2分，误差大于0.1mm该项得分为0	
	倒角尺寸 1×45°	4分	每处2分	
	其他尺寸	12分	每处2分	
一般项目	程序无误，图形轮廓正确	5分	每错一处扣2分	
	对刀操作、补偿值正确	5分	每错一处扣2分	
	表面质量	5分	每处加工残余、划痕扣2分	
工具、量具、刀具的使用与维护	常用工具、量具、刀具的合理使用	5分	使用不当每次扣2分	
	正确使用夹具	5分	使用不当每次扣2分	

续表

项目	检验要点	配分	评分标准及扣分	得分
设备的使用与维护	能读懂报警信息，排除常规故障	5 分	操作不当每项扣 2 分	
	数控机床规范操作	5 分	未按规范操作不得分	
安全文明生产	正确执行安全技术操作规程、清扫机床	10 分	每违反一项规定扣 2 分	
装配验证	能安装到生产线上正常工作	10 分	不满足要求扣 5 分	
用时	规定时间之内（120 分钟）		每超 5 分钟扣 2 分	
总分（100 分）				
检验员		检验结论		检验日期	
评价	个人自评（20 分）	小组互评（30 分）	教师评价（50 分）	总体评价
分析改进				

加工任务单 1.3 通气塞

班级_____ 组别_____ 工位_____ 加工人员_____ 生产日期_____

通气塞	Q235	
	11	

1. 分析零件图纸

毛坯材料	毛坯尺寸
加工设备	数控系统

2. 确定工艺过程

2.1 数控加工工艺卡

					产品名称或代号		共1页
					零(部)件名称		第1页
材料	毛坯种类		毛坯尺寸	每毛坯可制作数	程序名		备注
序号	工序名称	工序内容及切削用量		设备	夹具	刀具	量具
1							
2							
3							
4							
5							

2.2 刀具调整卡

					产品名称或代号		共1页
					零(部)件名称		第1页
序号	刀具号	刀具名称	刀具参数			刀具补偿地址	
			刀尖圆弧半径	刀杆规格		半径	形状
1							

续表

序号	刀具号	刀具名称	刀具参数		刀具补偿地址	
			刀尖半径	刀杆规格	半径	形状
2						
3						
4						

3. 刀具路径规划

序号	刀具路径	加工内容	备注
1			
2			
3			
4			
5			
6			

4. NC 程序调试与检验

记录程序调试的步骤与检验结果：

5. 零件检测与装配验证

项目	检验要点	配分	评分标准及扣分	得分
主要项目	ϕ23mm 外圆轮廓	5分	误差每大于0.05mm扣2分，误差大于0.1mm该项得分为0	
	ϕ4mm 通气孔	5分	误差每大于0.05mm扣2分，误差大于0.1mm该项得分为0	
	ϕ17mm 外圆轮廓	5分	误差每大于0.05mm扣2分，误差大于0.1mm该项得分为0	
	ϕ8mm 外轮廓槽	5分	误差每大于0.05mm扣2分，误差大于0.1mm该项得分为0	
	M10 螺纹	5分	误差每大于0.05mm扣2分，误差大于0.1mm该项得分为0	
	通气塞总长	4分	误差每大于0.05mm扣2分，误差大于0.1mm该项得分为0	
	倒角尺寸 2×45°（2处）	4分	每处2分	
	其他尺寸	12分	每处2分	
一般项目	程序无误，图形轮廓正确	5分	每错一处扣2分	
	对刀操作、补偿值正确	5分	每错一处扣2分	
	表面质量	5分	每处加工残余、划痕扣2分	
工具、量具、刀具的使用与维护	常用工具、量具、刀具的合理使用	5分	使用不当每次扣2分	
	正确使用夹具	5分	使用不当每次扣2分	
设备的使用与维护	能读懂报警信息，排除常规故障	5分	操作不当每项扣2分	
	数控机床规范操作	5分	未按规范操作不得分	

续表

项目	检验要点	配分	评分标准及扣分	得分
安全文明生产	正确执行安全技术操作规程、清扫机床	10 分	每违反一项规定扣 2 分	
装配验证	能安装到生产线上正常工作	10 分	不满足要求扣 5 分	
用时	规定时间之内（90 分钟）		每超 5 分钟扣 2 分	
总分（100 分）					
检验员		检验结论		检验日期	
评价	个人自评（20 分）	小组互评（30 分）		教师评价（50 分）	总体评价
分析改进					

项目 2 轮盘类零件的数控加工

本项目采用数控铣床完成齿轮减速箱中轮盘类零件的数控加工,数控铣床如图 2.1 所示。

图 2.1 数控铣床

加工任务单 2.1 小闷盖

班级_____ 组别____ 工位_____ 加工人员_____ 生产日期_____

\[零件图及尺寸标注:$\phi30$、$\phi47_{-0.039}^{0}$、$\phi54$、$R2$、3、$3_{-0.1}^{0}$、7;端盖 HT150;序号 26\]	

由于齿轮减速箱有多个端盖零件,故对序号为 26 的端盖零件另命名为"小闷盖"加以区分。

1. 分析零件图纸

毛坯材料		毛坯尺寸	
加工设备		数控系统	

2. 确定工艺过程

2.1 数控加工工艺卡	产品名称或代号		共1页
	零(部)件名称		第1页

续表

材料		毛坯种类		毛坯尺寸		每毛坯可制作数		程序名			备注
序号	工序名称		工序内容及切削用量			设备	夹具		刀具	量具	
1											
2											
3											
4											

2.2 刀具调整卡					产品名称或代号		共1页
					零(部)件名称		第1页

序号	刀具号	刀具名称	刀具参数		刀具补偿地址	
			刀尖圆弧半径	刀杆规格	半径	长度
1						
2						
3						

3. 刀具路径规划

序号	刀具路径	加工内容	备注
1			
2			
3			
4			

4. NC 程序调试与检验

记录程序调试的步骤与检验结果：

5. 零件检测与装配验证

项目	检验要点	配分	评分标准及扣分	得分
主要项目	外径尺寸 $\phi 54$mm	5 分	误差每大于 0.05mm 扣 2 分，误差大于 0.1mm 该项得分为 0	
	外径尺寸 $\phi 47$mm	10 分	误差每大于 0.05mm 扣 2 分，误差大于 0.1mm 该项得分为 0	
	外轮廓深 3mm	5 分	误差每大于 0.05mm 扣 2 分，误差大于 0.1mm 该项得分为 0	
	内轮廓尺寸 $\phi 30$mm	5 分	误差每大于 0.05mm 扣 2 分，误差大于 0.1mm 该项得分为 0	
	内槽深度尺寸 3mm	5 分	误差每大于 0.05mm 扣 2 分，误差大于 0.1mm 该项得分为 0	
	圆弧槽 R2mm	5 分	误差每大于 0.05mm 扣 2 分，误差大于 0.1mm 该项得分为 0	
	台阶高度尺寸 3mm	10 分	误差每大于 0.05mm 扣 2 分，误差大于 0.1mm 该项得分为 0	

续表

项目	检验要点	配分	评分标准及扣分	得分
一般项目	程序无误，图形轮廓正确	5分	每错一处扣2分	
	对刀操作、补偿值正确	5分	每错一处扣2分	
	表面质量	5分	每处加工残余、划痕扣2分	
工具、量具、刀具的使用与维护	常用工具、量具、刀具的合理使用	5分	使用不当每次扣2分	
	正确使用夹具	5分	使用不当每次扣2分	
设备的使用与维护	能读懂报警信息，排除常规故障	5分	操作不当每项扣2分	
	数控机床规范操作	5分	未按规范操作不得分	
安全文明生产	正确执行安全技术操作规程、清扫机床	10分	每违反一项规定扣2分	
装配验证	能安装到生产线上正常工作	10分	不满足要求扣5分	
用时	规定时间之内（90分钟）		每超5分钟扣2分	
总分（100分）				
检验员		检验结论	检验日期	
评价	个人自评（20分）	小组互评（30分）	教师评价（50分）	总体评价
分析改进				

加工任务单 2.2　小盖

班级_____　组别_____　工位_____　加工人员_____　生产日期_____

小盖	HT150
	06

1. 分析零件图纸

毛坯材料		毛坯尺寸	
加工设备		数控系统	

2. 确定工艺过程

2.1 数控加工工艺卡

产品名称或代号		共1页
零（部）件名称		第1页

材料	毛坯种类	毛坯尺寸	每毛坯可制作数	程序名	备注
序号	工序名称	工序内容及切削用量	设备	夹具	刀具	量具
1						
2						
3						
4						
5						
6						
7						
8						

2.2 刀具调整卡

产品名称或代号		共1页
零（部）件名称		第1页

续表

序号	刀具号	刀具名称	刀具参数		刀具补偿地址	
			刀尖圆弧半径	刀杆规格	半径	长度
1						
2						
3						
4						

3．刀具路径规划

序号	刀具路径	加工内容	备注
1			
2			
3			
4			

4．NC 程序调试与检验

记录程序调试的步骤与检验结果：

5．零件检测与装配验证

项目	检验要点	配分	评分标准及扣分	得分
主要项目	外径尺寸 $\phi 34$mm	5 分	误差每大于 0.05mm 扣 2 分，误差大于 0.1mm 该项得分为 0	
	中心内孔 $\phi 14$mm	5 分	误差每大于 0.05mm 扣 2 分，误差大于 0.1mm 该项得分为 0	
	阶梯孔直径 $\phi 6$mm	5 分	误差每大于 0.05mm 扣 2 分，误差大于 0.1mm 该项得分为 0	
	阶梯孔深 3mm	5 分	误差每大于 0.05mm 扣 2 分，误差大于 0.1mm 该项得分为 0	
	三个均布孔 $\phi 4$mm	5 分	误差每大于 0.05mm 扣 2 分，误差大于 0.1mm 该项得分为 0	
	小盖厚度 7mm	4 分	误差每大于 0.05mm 扣 2 分，误差大于 0.1mm 该项得分为 0	
	倒角尺寸 1×45°（2 处）	4 分	每处 2 分	
	其他尺寸	12 分	每处 2 分	
一般项目	程序无误，图形轮廓正确	5 分	每错一处扣 2 分	
	对刀操作、补偿值正确	5 分	每错一处扣 2 分	
	表面质量	5 分	每处加工残余、划痕扣 2 分	
工具、量具、刀具的使用与维护	常用工具、量具、刀具的合理使用	5 分	使用不当每次扣 2 分	
	正确使用夹具	5 分	使用不当每次扣 2 分	
设备的使用与维护	能读懂报警信息，排除常规故障	5 分	操作不当每项扣 2 分	
	数控机床规范操作	5 分	未按规范操作不得分	
安全文明生产	正确执行安全技术操作规程、清扫机床	10 分	每违反一项规定扣 2 分	

续表

项目	检验要点	配分	评分标准及扣分	得分
装配验证	能安装到生产线上正常工作	10 分	不满足要求扣 5 分	
用时	规定时间之内（90 分钟）		每超 5 分钟扣 2 分	
总分（100 分）				
检验员		检验结论		检验日期	
评价	个人自评（20 分）	小组互评（30 分）	教师评价（50 分）	总体评价
分析改进				

加工任务单 2.3 齿轮

班级_____ 组别_____ 工位_____ 加工人员_____ 生产日期_____

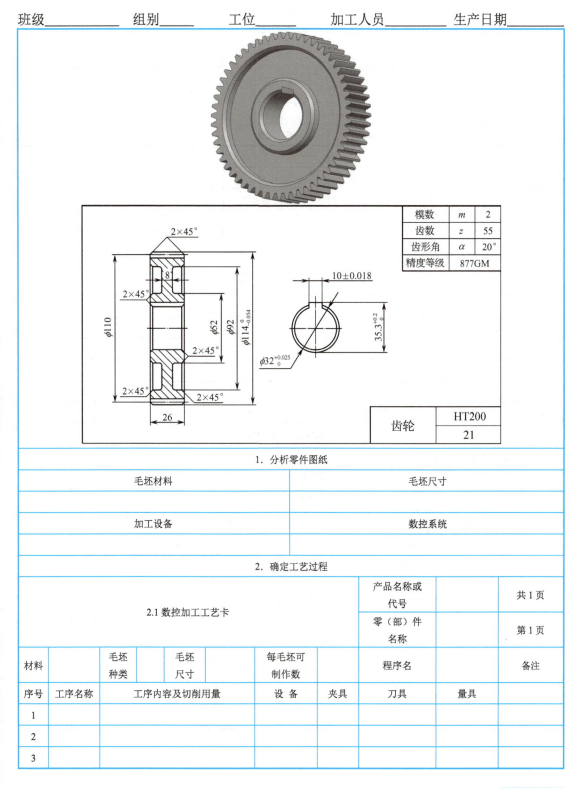

模数	m	2
齿数	z	55
齿形角	α	20°
精度等级		877GM

齿轮	HT200
	21

1. 分析零件图纸

毛坯材料		毛坯尺寸	
加工设备		数控系统	

2. 确定工艺过程

2.1 数控加工工艺卡					产品名称或代号		共1页	
					零(部)件名称		第1页	
材料	毛坯种类	毛坯尺寸	每毛坯可制作数		程序名		备注	
序号	工序名称	工序内容及切削用量		设备	夹具	刀具	量具	
1								
2								
3								

续表

序号	工序名称	工序内容及切削用量	设 备	夹具	刀具	量具	
4							
5							

				产品名称或代号		共 1 页	
		2.2 刀具调整卡		零(部)件名称		第 1 页	

序号	刀具号	刀具名称	刀具参数		刀具补偿地址	
			刀尖圆弧半径	刀杆规格	半径	形状
1						
2						
3						
4						
5						

3．刀具路径规划

序号	刀具路径	加工内容	备注
1			
2			
3			
4			
5			
6			

4．NC 程序调试与检验

记录程序调试的步骤与检验结果：

5．零件检测与装配验证

项目	检验要点	配分	评分标准及扣分	得分
主要项目	轮辐尺寸 $\phi 92$mm	5 分	误差每大于 0.005mm 扣 3 分，误差大于 0.01mm 该项得分为 0	
	轮辐尺寸 $\phi 52$mm	5 分	误差每大于 0.005mm 扣 3 分，误差大于 0.01mm 该项得分为 0	
	轮辐厚度 8mm	5 分	误差每大于 0.005mm 扣 3 分，误差大于 0.01mm 该项得分为 0	
	中心内孔 $\phi 32$mm	5 分	误差每大于 0.05mm 扣 2 分，误差大于 0.2mm 该项得分为 0	
	齿轮厚度 26mm	5 分	误差每大于 0.05mm 扣 2 分，误差大于 0.2mm 该项得分为 0	
	倒角尺寸 2×45°（4 处）	8 分	每处 2 分	
	其他尺寸	12 分	每处 2 分	

续表

项目	检验要点	配分	评分标准及扣分	得分
一般项目	程序无误，图形轮廓正确	5分	每错一处扣2分	
	对刀操作、补偿值正确	5分	每错一处扣2分	
	表面质量	5分	每处加工残余、划痕扣2分	
工具、量具、刀具的使用与维护	常用工具、量具、刀具的合理使用	5分	使用不当每次扣2分	
	正确使用夹具	5分	使用不当每次扣2分	
设备的使用与维护	能读懂报警信息，排除常规故障	5分	操作不当每项扣2分	
	数控机床规范操作	5分	未按规范操作不得分	
安全文明生产	正确执行安全技术操作规程、清扫机床	10分	每违反一项规定扣2分	
装配验证	能安装到生产线上正常工作	10分	不满足要求扣5分	
用时	规定时间之内（90分钟）		每超5分钟扣2分	
总分（100分）				
检验员		检验结论		检验日期	
评价	个人自评（20分）	小组互评（30分）	教师评价（50分）	总体评价
分析改进				

【二维码57】

【二维码58】

【二维码59】

附录 A
二维码索引表

序号	名称	二维码	页码	序号	名称	二维码	页码
1	情景1 产品订单与数控加工（采矿场—齿轮减速箱 课程引入）视频		1	10	大透盖—数控仿真加工项目		49
2	齿轮减速箱—产品模型、图纸		2	11	《通气塞》电子教材		49
3	《数控技术》电子教材		3	12	通气塞—任务实施视频		49
4	从动轴—任务实施视频		43	13	通气塞—CAXA 软件保存项目		49
5	从动轴—数控仿真加工项目		47	14	通气塞—数控仿真加工项目		49
6	从动轴—数控车床实操视频		49	15	《数控车"1+x"职业技能等级（中级）案例》电子教材		49
7	《大透盖》电子教材		49	16	数控车"1+x"职业技能等级（中级）案例—传动轴 任务实施视频		49
8	大透盖—任务实施视频		49	17	数控车"1+x"职业技能等级（中级）案例—中望软件保存项目		49
9	大透盖—CAXA 软件保存项目		49	18	数控车"1+x"职业技能等级（中级）案例—数控仿真加工项目		49

附录 A　二维码索引表

续表

序号	名称	二维码	页码	序号	名称	二维码	页码
19	小闷盖—任务实施视频		64	31	"1+x"数控铣职业技能等级（中级）案例—中望软件保存项目		70
20	小闷盖—数控仿真加工项目		64	32	"1+x"数控铣职业技能等级（中级）案例—数控仿真加工项目		70
21	小闷盖—数控铣床实操视频		64	33	《箱盖》电子教材		70
22	《小盖》电子教材		70	34	箱盖—任务实施视频		70
23	小盖—任务实施视频		70	35	箱盖—MasterCAM 软件保存项目		70
24	小盖—PowerMILL 软件保存项目		70	36	箱盖—加工中心实操视频		70
25	小盖—数控仿真加工项目		70	37	《箱体》电子教材		70
26	《齿轮》电子教材		70	38	箱体—任务实施视频		70
27	齿轮—任务实施视频		70	39	箱体—MasterCAM 软件保存项目		70
28	齿轮—PowerMILL 软件保存项目		70	40	数控铣工职业技能等级（二级技师）案例—十字座任务实施视频		70
29	齿轮—数控仿真加工项目		70	41	数控铣工职业技能等级（二级技师）案例—UG 软件保存项目		70
30	数控铣"1+x"职业技能等级（中级）案例—轴承座 任务实施视频		70	42	数控铣工职业技能等级（一级高级技师）案例—顶盖任务实施视频		70

— 213 —

续表

序号	名称	二维码	页码	序号	名称	二维码	页码
43	数控铣工职业技能等级（一级高级技师）案例—UG软件保存项目		70	52	自动称重流转生产线机器人抓手—数控仿真加工项目		190
44	高速绕包机线模轴套—任务实施视频		80	53	《思考与练习1：电动雕刻笔外壳及便携套的设计与数控加工》电子教材		190
45	高速绕包机线模轴套—中望软件保存项目		133	54	《思考与练习2：车载吸尘器鸭嘴的设计与数控加工》电子教材		191
46	高速绕包机线模轴套—数控仿真加工项目		133	55	《思考与练习3：遥控电动玩具汽车的设计与数控加工》		191
47	《思考与练习1：眼睛按摩器浮雕件及底座的创新设计与数控加工电子教材		134	56	"1+x"数控车铣职业技能等级考证样题 职业技能等级考证样题 全国职业院校技能大赛"工业设计技术"真题 湖北省工匠杯样题 湖北省第五届技能状元大赛数控车项目样题		191
48	《思考与练习2：汽车发动机摇臂杆的创新设计与数控加工》电子教材		134	57	《数控加工工单1：齿轮减速箱零部件加工与装配验证》电子教材		211
49	《思考与练习3：玩具雷达猫眼的创新设计与数控加工》电子教材		134	58	《数控加工工单2：线模轴套的创新设计、数控加工与装配》电子教材		211
50	自动称重流转生产线机器人抓手—任务实施视频		145	59	《数控加工工单3：自动称重流转生产线机器人抓手的创意设计、数控加工与装配验证》电子教材		211
51	自动称重流转生产线机器人抓手—中望软件保存项目		190				